0.3%
슈퍼키드,
엄마 뱃속에서
결정된다

0.3%
슈퍼키드,
엄마 뱃속에서
결정된다

손 영 기 지 음

둘째 아이를 얻은 듯 반가운 소식

개정판이 나온다니 반갑습니다. 앞의 책이 품절된 뒤로 책에 대한 문의를 적잖이 받았습니다. 개정판 출간은 이 책을 기다렸던 예비 부모님들에게도 반가운 소식이라 믿습니다. 저 역시 그렇습니다. 둘째 아이를 얻은 기분입니다.

0.3% 슈퍼키드는 엄마 뱃속에서 결정된다. 직설적인 제목에 책의 주제가 함축되어 있습니다. 0.3% 슈퍼키드는 건강한 몸과 마음에 총명함까지 갖춘 아이를 뜻하며, 이러한 아이는 태교를 통해 어머니 뱃속에서 결정됩니다.

제 딸 지양이도 일곱 살이 되었습니다. 태교 결과를 궁금해 하는 분들이 많습니다. 맑고 밝게 성장하는 지양이의 동영상으로 여러분의 궁금증을 풀어 드립니다. 지양이 영상 앨범:http://sonjiyang.egloos.com

2010년 2월 지양 아버지 손영기

우리 집의 비밀스러운 가보

《언문지諺文誌》의 저자인 유희가 조선 후기를 대표하는 실학자가 된 것은 사주당 이씨의 태교 덕이다. 학식이 뛰어난 사주당은 여러 책을 저술했는데, 임종에 즈음하여 한 권만 두고 모두 불태웠다. 그때 남은 책이 바로 《태교신기胎教新記》이다.

나도 사주당 이씨와 같은 마음이다. 내가 후손에게 남기고 싶은 책은 이 책 하나뿐이다. 나는 이 책을 딸아이 지양에게 전하고자 썼는데, 그 가르침이 손녀와 손자에게도 이어지기를 바란다. 이 책은 태교가 얼마나 중요한지를 후손에게 알리고자 쓴 비밀스러운 가보家寶인 것이다. 이제 여러분에게 그 비밀을 공개하려 한다.

2005년 12월 지양 아버지 손영기

Part 1 새 생명의 파수꾼 어머니의 음식 태교

Part 2 새 생명에 대한 책임 아버지의 씨앗 태교

Part 3 아기의 천재성을 결정하는 영맞이 태교

부록 임산부를 위한 자연 처방

Part 1

새 생명의 파수꾼
어머니의 음식 태교

아내는 지양이를 출산할 때 가진통까지 포함하여 한 시간을 넘기지 않았다.

사람들은 아내가 임신 9개월 때 복용한 달생산 덕이라 여기지만, 그것은 음식 태교의 힘이었다.

음식 태교는 단단하고 야무진 아기를 낳게 해줄 뿐만 아니라

출산의 고통에서 벗어날 수 있게 해준다.

태교의 본질은
절제에 있다

태교는 태아가 받는 교육이다. 사람에 대한 첫 교육인 셈이다. 첫 번째 단추를 잘못 끼우면 다음번 단추도 어긋나듯이, 모든 교육 중 으뜸인 태교를 잘하려면 그 교육의 본질부터 알아야겠다.

교육은 절제를 가르치는 것이다. 욕심에 대한 통제 말이다. 요즘 교육은 자유에서 비롯하는 창의력을 강조하지만, 절제의 바탕 없이는 창의력도 올바로 발휘되지 않는다. 교육은 '절제'와 '자유'의 균형으로 이루어진다. 무게 중심이 자유로 기울면 방종하게 되고, 절제로 기울면 창의력을 잃게 된다.

그런데 그 무게 중심의 위치는 학습자의 나이에 따라 달라진다.

어린 나이에는 절제를 가르치다가 성장해 감에 따라 자유를 강조해야 하는 것이다. 절제는 나이가 어릴 때 제대로 학습되는데, 커가면서 자유를 바라는 인간의 본능이 점차 강해지기 때문이다.

인간의 교육은 절제에서 자유로 향하는 과정이다. 바른 교육은 그 무게 중심이 '절제→자유'로 이동한다. 그런데 지금의 교육은 거꾸로 '자유→절제'로 이동한다. 이전까지 부모 품에서 자유롭게 생활하던 아이는 취학과 함께 느닷없이 학교로부터 절제를 강요받게 된다. 현재의 교육 문제를 해결하려면 '자유→절제'의 교육 구조를 '절제→자유'로 바꿔야 한다. 취학 이전의 아이에게는 절제 교육을 철저히 시키되, 초·중·고·대학교를 거치면서 점차 자유롭게 교육해야 하는 것이다.

요즘 개인의 창의력을 존중하는 자율 교육이 주목받고 있지만, 어린 시절에 절제 교육을 받지 않으면 이 같은 자율 교육은 오히려 역효과를 가져온다. 취학 이전에 절제 교육이 선행된 사람에게만 자유를 부여하는 교육이 효과적인 것이다. 그러므로 자유가 결여된 학교 교육을 탓하기 전에 절제 없이 키운 가정 교육 먼저 반성해야 한다.

나는 음양陰陽의 관점에서 진료하는 한의사로서 교육에서도 음양의 조화를 강조한다. '절제'는 음陰의 수렴이고 '자유'는 양陽의 발산이니, 절제와 자유의 균형은 곧 교육의 음양 조화이다. 그런데 이같은 조화가 음양의 50 : 50의 비율을 뜻하는 것은 아니다. 저울에 놓인 각 물건의 무게 추의 위치가 다르듯이 학습자에 따라 그 균형점은 변한다.

인생에는 음양의 흐름이 있다. 양기陽氣가 자라는 봄에는 새싹이 움트고 음기陰氣가 성한 가을에는 낙엽이 지는 것처럼 사람이 태어나서 늙어감은 양에서 음으로 변해가는 과정이다. 따라서 양기가 성한 어린 시절의 교육은 수렴하는 음의 '절제'가 중심이 되어야 음양이 조화롭게 되고, 나이가 들어 음기가 성해지는 시절의 교육은 발산하는 양의 '자유'가 중심이 되어야 음양이 조화롭게 된다.

지금의 가정 교육의 가장 큰 문제는 자유를 지나치게 강조한다는 것이다. 학교에서는 엄한 규율이 있지만, 취학 이전의 가정에서 절제를 찾기란 어렵다. 양기가 성한 아이들에게 자유만 학습하게 하는 것은 불난 집에 부채질하는 격으로 양성陽盛의 문제를 일으킨다. ADHD 즉 주의력결핍과잉행동장애가 바로 양성의 병리 증상이니, ADHD 아동이 학교 수업에 집중하지 못하는 것은 넘쳐나는 양의 에너지를 스스로 통제할 수 없기 때문이다. 그러므로 아이의 기氣만 살리는 가정 교육은 그만두자. 기운을 살리는 것보다 다듬는 것이 중요하니, 부모가 절제 교육으로 아이의 양기를 다듬어 취학 후 학교에서 요구하는 절제에 적응하도록 해야지, 자유의 명목 아래 양기만 살렸다가는 선생님조차 통제할 수 없는 문제아가 되고 만다.

확언하건대 공부 잘 하는 학생은 어린 시절의 절제 학습으로 교육의 음양 조화를 이루어 학교 규율에 잘 적응하는 아이이지, 별난 가정 교육으로 자유를 학습한 아이가 아니다. 따라서 내가 앞으로 전할 태교 이야기에서는 '절제'가 핵심 용어이다.

▲

사람들은 태생적으로 절제를 거부한다. 자유를 바라는 본능 때문이다. 그런데 기운의 수렴보다 발산을 추구하는 것은 인간만의 습성이 아니다. 자연의 습성 자체가 그러하다. 그것은 겨울陰에서 봄陽으로 옮겨갈 때보다 여름陽에서 가을陰로 옮겨가는 과정에 더 많은 에너지가 소모되는 것을 보면 알 수 있다. 따라서 여름의 양기를 가을의 음기로 수렴하는 태풍은 비록 사람들에게는 두려운 재해이나 자연의 사계절 순환에서는 꼭 필요한 현상이다.

절제는 이 태풍과 같다. 자유를 갈구하는 인간의 본성은 절제를 거부하지만 성숙한 삶을 위해서는 절제가 반드시 필요하다. 절제가 싫다고 자유만 누리는 것은 항상 여름이기를 바라는 것과 같으므로 절제가 결여된 교육은 기상이변을 부르는 지구 온난화와 다를 바 없다.

사회의 병리 현상은 구조적 모순뿐만 아니라 어린 시절 절제 교육을 제대로 받지 못한 까닭이다. 지구 온난화 문제를 해결하려면 대량 생산의 욕심을 통제해야 하듯이 사회적 갈등과 대립, 범죄를 순화하려면 자유 이전에 절제 교육이 선행되어야 한다.

이제는 더 이상 절제를 거부하지 말자. 일제식민통치와 군사독재로 생겨난 절제에 대한 부정적 시각에서 벗어나야 교육이 바로 선다. 본래 교육은 발산陽하는 인간의 본능을 통제하여 수렴陰하는 방법을 알려 주는 것이다. 교육의 본질은 절제에 있는 것이다.

세상이 빠르게 변하는 만큼 양陽의 기운이 성해지고 있다. 사회가 혼탁한 것은 절제가 부족한 사람들이 세상의 양기陽氣를 감당할 수 없기 때문이다. 세상이 불타고 있는데 어찌 부채질 교육만 강조하는가. 물을 뿌려 불길을 다스리는 절제 교육이 시급하다. 그리고 이 절제 교육은 엄마 뱃속부터 시작해야 하는바, 태교의 목적이 여기에 있다.

그러나 아이에게 절제 교육을 시키기란 쉽지 않다. 부모라면 누구나 에너지가 폭발하는 아이를 통제하는 일이 얼마나 힘든지를 경험적으로 안다. 그러나 이는 절제 교육을 늦게 시작한 때문이다. 엄마 뱃속부터 절제 교육을 시킨다면 장차 힘들이지 않고도 절제력이 있는 아이를 기대할 수 있다.

내가 주장하는 절제 태교는 새로운 것이 아니다. 이는 우리 조상이 일찍이 실천했던 내용이다. 자유를 유난히 강조하는 이 시대 사람들에게 절제 태교는 엉뚱해 보일 수 있으나 선조에게는 지극히 당연한 것이었다. 《태교신기 胎教新記》라는 책이 그 증거이다.

조선 숙종 때 사주당 이씨가 쓴 《태교신기》는 우리나라의 대표적인 태교서이다. 요즘 사람들이 실천하기에 현실성은 없지만 이 책에서 제시하는 태교의 요점에는 주목할 필요가 있다. 《태교신기》에서 말하는 태교의 요점은 한 글자로 요약된다. 삼갈 근謹, 바로 삼감이다. 《태교신기》의 한 대목을 보자.

> 태교를 알지 못하면 어머니 될 자격이 부족하니
> 반드시 마음을 바르게 가져야 할 것이다.
> 마음을 바로 하는 방법이 있으니

보고 들음을 삼가고, 앉고 서는 것을 삼가며
잠자고 먹음을 삼가 번잡함이 없으면 될 것이다.
번잡함을 없애려는 노력이 능히 마음을 바로 하니
그것은 오로지 삼감에 있을 뿐이다.

　옛 어른들의 태교는 사주당 이씨가 《태교신기》에서 말한 대로 행동을 삼가서 생활을 복잡하게 만들지 않는 것이었다. 하지만 지금 사람들은 이를 지키지 못한다. 현대의 생활 자체가 번잡스럽기도 하거니와, 세월이 흐를수록 사회 전체에 양기陽氣가 성함에 따라 음기陰氣를 거부하도록 만들기 때문이다. 자유가 최고의 덕목으로 자리 잡은 현실에서 삼감謹은 구시대 유물이 되어 버렸다.

　옛 태교서들을 보면 숨이 막힌다. 온통 하지 말라는 내용 투성이다. '불不' 자만 보이는 것이다. 《열녀전列女傳》에 기록된 주나라 문왕의 어머니 태임과 성왕의 어머니 읍강의 태교법도 그러하다.

눈으로 나쁜 모습을 보지 않고, 귀로 음란한 소리를 듣지 않으며
입으로 오만한 말을 하지 않는다.
서 있을 때 한 발에만 힘주지 않고, 앉을 때 몸을 기울지 않으며
혼자 있을 때도 거만한 자세를 취하지 않고, 비록 성이 나도
꾸지람을 하지 않는다.

이처럼 태임과 읍강의 태교에도 불不 자가 빠지지 않는다. 자유를 제한하는 이 같은 옛 사람들의 절제된 태교법을 선뜻 받아들일 사람은 드물겠지만, '먹지마 건강법'을 통해 몸에 좋은 것을 먹기 전에 불량식품부터 끊자고 주장하는 나에게는 값진 내용이다. 세상에 공짜는 없다. 무언가를 얻으려면 가진 것부터 내주어야 한다. 설령 거저 얻는다 해도 언젠가는 뜻하지 않은 형태의 대가를 지불하기 마련이다.

옛 태교법도 이와 같다. 얻는다는 양陽의 결과를 위해서는 내어주는 음陰의 행동부터 해야 하듯이, 옛 태교서에 삼가고謹 하지 말며不 없다無는 음의 용어가 많은 것은 훌륭한 자식을 바라는 양의 성과를 충족하기 위함이다. 따라서 옛 가르침은 자유를 제한하는 만큼 그 효과가 크다.

극자반야極者反也. 무엇이든 극에 달하면 반대로 된다. 아니다 아니다를 반복하면 그렇다가 된다는 것이다. 계속 '하지 말라'고 제한하면 '하자'의 자유가 생기니, 극자반야를 통한 '하자'는 처음부터의 '하자'와 다르다. 전자는 스스로 찾아낸 '하자'이지만, 후자는 타인으로부터 강요된 '하자'이기 때문이다.

옛 태교에서는 임신부의 긍정적인 실천을 얻어내고자 지극히 부정적인 용어들을 일부러 사용했다. 플러스 전극을 끌어당기려면 마이너스 전극을 이용해야 하고, 컵에 물을 채우려면 먼저 그 컵을 비워야 하는 이치이다.

식이요법에 관한 두 종류의 책이 있다. 한 책에는 녹즙을 마시면 건강해진다는 플러스 정보가, 다른 한 책에는 인스턴트를 먹지 말라는 마이너스 정보가 담겨 있다. 이럴 때 사람들은 앞의 책을 선택한다. 식욕의 자유를 구속받고 싶지 않기 때문이다. 이러한 사람들은 인스턴트를 마음껏 먹어도 녹즙을 들이키면 건강해지리라 믿지만, 결코 그렇지 않다. 식욕을 절제하는 노력 없이 건강을 거저 얻을 수는 없다.

좋은 약과 음식이 많음에도 환자들이 갈수록 늘어나는 것은 욕심을 통제하지 않고 약에만 의존하기 때문이다. 식욕을 절제하지 못하는 환자에게는 건강에 도움이 되는 약과 음식마저 식욕의 대상이 된다. 이처럼 욕심의 대상이 되어 버린 약과 음식으로 어찌 질병을 치료하겠는가. 인스턴트를 먼저 끊지 않으면 녹즙을 마셔도 건강에는 도움이 되지 않는다.

그러므로 지금의 우리는 마이너스 정보에 주목해야 한다. 자유의 제한을 거부하지 말고 스스로 욕심을 통제해야 얻는 바가 있으니, 이는 태교에서도 마찬가지다. 무엇 '하자' 보다는 무엇 '하지 말라' 는 태교법이 더 효과적인 것이다.

0.3% 슈퍼키드는 음식 태교와
씨앗 태교가 뒷받침되어야 한다

나는 태교에서 세 가지 절제를 말한다. 식욕과 성욕, 생각이 그것이다. 이는 통제하기 쉬운 순서로 나열한 것으로 어머니의 식욕을 절제하는 '음식 태교'와 아버지의 성욕을 다스리는 '씨앗 태교', 생각을 단속하는 '영靈 맞이 태교'의 순으로 실천이 어렵다.

그런데 상대적으로 쉬운 음식 태교마저도 지금 사람들에게는 불가능하다. 하물며 씨앗 태교와 영맞이 태교는 얼마나 힘들겠는가. 이처럼 내가 주장하는 태교법은 무엇 하나 만만치 않지만, 앞서 설명한 것처럼 보다 많은 절제가 필요한 것일수록 태교의 효과는 크다. 음식 태교보다 씨앗 태교가, 씨앗 태교보다 영맞이 태교가 더 값진 것이다.

스승의 10년 가르침이 임신한 어머니가 열 달 기름만 못하고
어머니의 열 달 기름이 아버지가 하루 낳는 것만 못하다.

《태교신기》의 이 글은 어머니의 음식 태교보다 아버지의 씨앗
태교가 더 중요함을 알려 준다. 그리고 《태교신기》에서는 언급하
고 있지 않지만, 찰나의 생각을 통제하는 영맞이 태교가 씨앗 태교
보다 중요하다. 열 달보다 하루의 절제가 오히려 어렵고, 하루보다
찰나의 통제가 힘드니 영맞이 태교의 성과가 가장 클 수밖에 없다.
나와 아내도 음식 태교와 씨앗 태교는 철저하게 실천했지만 영맞
이 태교는 자신할 수 없었다.

나는 결혼 전부터 태교에 관심을 가졌다. 진료실에서 환자들을 보며
태교의 중요성을 직접 체험했기 때문이다. 건강하게 태어나지 않
으면 그 어떤 약으로도 온전히 건강해질 수 없음을 나는 알고 있
다. 온갖 질병의 틈바구니 속에서 살얼음판을 걸어가듯 조심스럽
게 생활하는 환자들을 보면서 바른 태교로 건강하게 태어나는 것
이 가장 확실한 건강법임을 깨달은 것이다.

일단 건강하게 태어나면 후천적인 부주의로 질병에 걸려도 섭생으로 금방 건강을 회복한다. 반면에 태어날 때부터 건강하지 못한 사람은 여러 가지 건강법을 실천해 봐도 항상 부족하다. 건강의 회복이 만족스럽지 못한 것이다. 먹지마 건강법으로 효과를 본 사람은 전자이고, 그렇지 못한 사람은 후자이다. 따라서 나는 먹지마 건강법에 크게 만족하지 못하는 환자에게 부족한 부분은 선천적인 것이니 어쩔 수 없음을 고백한다. 세상에 수많은 건강법이 있지만 어느 것 하나 모든 사람을 만족시키지 못하는 것은 사람마다 타고나는 건강 상태가 다르기 때문이다.

쇠그릇은 깨지지 않는다. 설령 찌그러져도 바로 펴주면 된다. 그러나 플라스틱 그릇은 다르다. 한번 금이 가면 불에 지지는 대공사를 하기 전까지는 제대로 쓸 수 없게 된다. 유리그릇은 더 심각하다. 한번 깨지면 영원히 복구할 수 없다.

이처럼 그릇의 재질에 따라 복구 가능성이 달라지듯이, 사람은 타고난 건강에 따라 수명이 좌우된다. 쇠그릇 같은 건강을 타고난 사람은 쉽게 아프지 않고 설령 병이 들어도 빨리 회복되지만, 플라스틱 그릇 같은 건강을 타고난 사람은 병이 들면 적지 않은 노력을 해야 회복된다. 그러나 유리그릇처럼 약하게 타고난 사람은 건강에 문제가 생길 경우 완벽한 회복을 기대하기가 어렵다.

의료인에게는 쇠그릇이나 플라스틱 그릇과 같은 환자가 반갑다. 치료 효과를 얻을 수 있기 때문이다. 반면에 유리그릇 같은 환자는 난감하다. 치료 반응이 미약할 뿐만 아니라 힘들게 치유되어도 이내 재발하기 때문이다. 이러한 환자들은 의료인을 탓해서는 안 된다. 유리그릇 같은 건강의 책임은 자신의 부모에게 있기 때문이다.

태교에 대한 나의 관심은 한의사라는 직업 때문에 시작되었지만, 결혼 후 아내의 임신을 기다리면서부터는 부모로서의 의무감으로 연구하였다. 아이에게 쇠그릇 같은 건강을 주고 싶었던 것이다. 요즘 부모는 똑똑한 자식을 바라며 태아에게 영재 학습을 시키지만, 아이에게 정말 필요한 것은 건강한 몸이다.

나는 진료실에서 아픈 아이를 둔 부모의 눈물을 자주 본다. 아픈 아이를 간호해야 하는 부모처럼 애끓는 사람이 없건만, 나는 그들을 동정하기에 앞서 모두 인과因果에 따른 것임을 지적한다. 아이가 아픈 근본 원인은 부모에게 있다. 병원 출입이 잦은 아이 탓에 신경쇠약까지 걸린 부모도 있지만, 그렇다고 결코 아이를 원망해서는 안 된다. 이는 오히려 부모가 원망받을 일이다. 부모가 태교를 잘 해서 아이에게 유리그릇 같은 몸을 주지 않았다면 예방할 수 있는 문제였던 것이다.

끊임없이 병치레를 하는 아이를 데리고 온 부모는 체질 개선을 해달라고 한다. 그러나 근본적으로 체질을 개선할 방법은 없다. 타고난 바탕을 후천적으로 바꿀 수는 없다. 유리그릇이나 플라스틱 그릇을 쇠그릇으로 바꾸어 놓을 신의神醫는 존재하지 않는다. 쇠그릇을 바란다면 처음부터 쇠를 재료로 삼아야지, 유리그릇을 쇠그릇으로 만들어 달라고 요구하는 것은 어리석은 일이다.

의료인에게 유리를 쇠로 개조하는 연금술을 기대하지 말자. 의료에는 한계가 있다. 의료의 역할은 플라스틱 그릇의 파손 부분이나 유리그릇의 금 간 부분을 고쳐 주는 정도까지이다. 사람들이 의료인에게 실망하는 것은 의료의 연금술을 바라기 때문인데, 유리를 쇠로 만들지 못하는 의료의 한계를 탓하지 말고 쇠가 아닌 유리를 재료로 삼은 자신을 반성해야 한다. 세상의 어떤 의료와 건강법에도 연금술이 존재하지 않음은 태교의 중요성을 뼈저리게 느끼도록 한다.

▲

쇠그릇을 만들기는 어렵지 않다. 쇠를 골라 그릇의 형태로 두들겨 주면 되는데 내가 말하는 아버지의 씨앗 태교는 쇠를 고르는 일이고, 어머니의 음식 태교는 그것을 두들겨서 그릇으로 만드는 일이다. 쇠를 골라도 잘 두들기지 못하면 좋은 그릇을 만들 수 없고, 두들기는 재주가 좋아도 쇠가 없으면 안 되듯이 부모가 합심하여 식욕과 성욕을 절제해야 건강한 아이를 얻을 수 있다.

앞으로 좀더 구체적으로 이야기하겠지만 씨앗 태교라 해서 정력제를 권하거나 음식 태교라 해서 좋은 음식만 먹으라는 것이 아니다. 쇠그릇은 정성이 있어야 튼튼하게 만들어지니, 정력제와 좋은 음식에만 의존해서는 안 된다. 다른 사람이 쉽게 골라 준 것보다 아버지가 스스로 가려내어 선택한 쇠붙이가 값지다. 여러 재료 중에서 유리와 플라스틱, 돌덩이를 가려내는 절제의 과정을 거쳐야 좋은 쇠를 얻을 수 있다.

어머니의 음식 태교도 마찬가지다. 두들기는 방법만 안다고 되지 않는다. 태아에게 좋은 음식을 섭취하는 것으로 부족하다는 말이다. 불필요한 동작을 금하고 쇠그릇을 두들기는 데 집중력을 높여야 더 단단한 그릇을 얻을 수 있듯이, 해로운 음식 먼저 절제해야 좋은 음식을 섭취한 효과가 제대로 나타난다.

좋은 쇠그릇은 이처럼 부모가 식욕과 성욕을 절제하는 절차탁마로 완성된다. 아버지가 하루의 선택으로 씨앗 태교를 하고, 어머니가 열 달 동안 음식 태교를 하면 자식의 평생 건강이 보장되는데, 어느 부모가 절제 태교를 가볍게 여기겠는가.

"양정상박위지신兩精相搏謂之神". 이는 한의학 경전인 《영추》에 나오는 문장이다. 부모의 정精이 만나면 신神이 깃든다는 뜻인데, 내가 주장하는 영맞이 태교의 메시지가 들어 있다. 씨앗 태교로 맑아진 아버지의 정精과 음식 태교로 정갈해진 어머니의 정精이 교합하면 신神을 부르는 영맞이 태교가 가능하다는 것이다.

같은 쇠로 만들어진 그릇이라도 형태에 따라 쓰임이 다르다. 영맞이 태교는 쇠그릇의 용도를 결정하는 설계도이니 씨앗 태교, 음식 태교와 함께 실천해야 쓰임 있는 쇠그릇이 만들어진다. 영맞이 태교에 의해 쇠그릇의 가치가 나뉘는바, 씨앗 태교와 음식 태교로 쇠그릇을 잘 만들어도 영맞이 태교에 소홀하면 쓰레기통이 되고, 영맞이 태교에 정성을 다하면 보석함이 되는 것이다.

부모라면 누구나 자식의 그릇이 값지게 쓰이기를 바란다. 어느 부모가 애써 만든 그릇에 쓰레기가 담기는 꼴을 보고 싶겠는가. 쇠그릇의 단단함에 만족하지 않고 그것을 바탕으로 장차 사회에서 입신양명하기를 바라는 것은 부모로서 당연하다. 그런데 이는 소망으로 이루어지는 문제가 아니다. 적극적인 노력이 뒤따라야 한다. 영맞이 태교의 실천 말이다.

▲

자식의 그릇에 보석을 담으려면 보석함의 설계도를 그려야 한다. 이 설계도는 부모가 직접 제작하는 것이니, 이는 임신 중의 마음가짐에 따라 그려진다. 물론 설계도 없이도 그릇을 만들 수 있다. 그러나 그러한 그릇에 좋은 물건이 담기기를 바라는 것은 무모하다. 아이에게 특별한 능력을 바란다면 그에 적합한 그릇을 설계하자.

요즘 유행하는 태교도 설계도 그리기인데, 값진 그릇을 만들려는 바람은 좋으나 설계에 너무 집착한 나머지 그릇의 재료 선택과 만드는 과정을 소홀히 하는 문제가 있다. 값진 보석함을 설계해도 단단하지 못한 재료를 가지고 잘 다듬지 않으면 좋은 그릇을 만들 수 없으니, 내가 영재 태교에 신중한 이유가 여기에 있다.

영재가 재능을 발휘하려면 우선 건강해야 한다. 아픈 몸으로 어찌 정력적인 활동을 할 수 있겠는가. 깨지기 쉬운 유리 보석함은 보석을 담기가 조심스러워 그 기능을 제대로 수행할 수 없다. 따라서 빛나는 보석함 같은 아이를 얻고 싶다면, 그것의 설계도를 그리기에 앞서 씨앗 태교로 쇠붙이를 구하고 음식 태교로 담금질을 익히자. 영재 태교를 제대로 하려면 씨앗 태교와 음식 태교를 함께 실천해야 하는 것이다.

그런데 '설계도 그리기'는 '쇠붙이 구하기'와 '담금질 익히기'보다 어렵다. 그리는 때가 정해져 있기 때문이다. 열 달의 임신 기간 동안 시행착오를 거쳐 그려나가면 좋겠지만, 설계도는 임신 3

주 동안 만들어진다. 4주가 지나면 임신부의 노력 여하에 따라 부분적인 수정은 가능해도 근본적인 변경은 불가능하다. 예를 들어 임신 3주 때 밥그릇의 용도로 설계되었다면, 4주 이후에는 태교에 의해 디자인이나 용량을 개선할 수는 있어도 보석함으로 용도를 변경하는 것은 불가능한 것이다.

따라서 임신 4, 5주가 지나서야 그 사실을 알게 되는 요즘 사람들에게 영재 태교는 효과가 미미하다. 3주 때 이미 작성된 설계도 위에 영재 태교를 열심히 해보았자 평범한 설계도는 바뀌지 않는다. 이에 영맞이 태교는 임신 3주에 설계 주제를 정하는, 가장 효과적인 영재 태교인 것이다.

음식 태교, 씨앗 태교, 영맞이 태교의 세 가지는 내가 주장하는 태교법의 기둥이다. 영맞이 태교의 설계도 위에서 씨앗 태교의 재료를 가지고 음식 태교로 아이의 그릇을 빛나게 다듬는 것이 이 책의 주제이다.

태아에게 인스턴트의 독소는
백신의 방부제보다 위험하다

모유 수유를 해본 여성은 자신이 먹는 음식이 모유를 통해 아기에게 바로 전달된다는 사실을 안다. 수유하는 어머니가 순무 · 양배추 · 콩 · 브로콜리를 많이 먹으면 아기의 배에 가스가 차서 울거나 보채고, 육류 · 유가공품 · 견과류를 지나치게 먹으면 태열이 생기거나 심해지며, 커피 · 홍차 · 코코아 · 녹차 같은 카페인을 먹으면 아기가 깊이 자지 못한다. 그리고 참외 · 수박처럼 찬 과일을 즐겨 먹으면 아기가 복통과 설사를 일으키고, 겨자 · 고추와 같이 매운 음식을 먹으면 아기의 배변이 힘들어진다.

아기는 모유 맛의 변화에도 민감하다. 어머니가 마늘 · 양파를 많이 먹으면 젖에 강한 향이 배어 아기가 모유를 거부하게 되고, 어머니가 젖을 말리는 성질을 지닌 엿기름을 먹으면 젖이 묽어져 아기가 수유에 만족하지 못하게 된다. 따라서 수유 초기 며칠 동안은 어머니가 다른 반찬 없이 밥과 미역국만 먹도록 하는데, 이는 아기에게 모유의 순수한 맛을 알려 주기 위한 것이다.

이처럼 아기도 어머니가 먹은 음식의 영향을 받는데, 뱃속의 태아는 어떻겠는가. 임신부가 먹는 음식은 모두 태아에게 전해지는 바, 음식 태교는 임신부가 이러한 사실을 알고 음식을 절제하는 데에서 시작된다. 태아에게 나쁜 음식을 피하는 것은 상식이다.

임신부 자신이 배가 아프지 않다고 태아도 괜찮으리라고 생각해서는 안 된다. 외부 자극에 민감한 태아를 온갖 불량식품에 단련된 성인과 똑같이 여기지 말자. 임신부에게는 1퍼센트의 피해밖에 주지 않는 음식이라도 태아에게는 10퍼센트 이상 해로울 수 있다는 사실을 명심하여 자신이 괜찮다고 안심해서는 안 될 것이다. 모유 수유를 하는 어머니도 아기를 위해 신중하게 먹는데, 뱃속에 태아를 가진 임신부가 어찌 해로운 음식에 너그러울 수 있는가.

임신 중에 약물을 복용하는 사람은 없다. 의사가 괜찮다고 해도 태아가 염려되어 먹지 않는다. 임신 초기에 모르고 복용했다가 기형아 출산이 두려워 인공 유산을 하는 사람이 있을 정도이다. 나도 가임可姙 여성에게 약을 처방할 때는 혹시나 있을 수 있는 임신에 대비하여 태아에게 영향이 없도록 주의하는데, 이는 환자가 한약을 복용하는 중에 임신을 할 경우 한약이 태아에게 해가 되지 않는지 걱정하기 때문이다. 그런데 나는 이 같은 임신부의 태도가 섭섭하다. 한약조차 경계하면서 다른 약은 매일 먹기 때문이다. 그것도 독약을 말이다.

요즘 사람들은 독약을 음식으로 먹고산다. 인스턴트에 들어가는 식품첨가물이 바로 독약이니, 인스턴트를 즐기는 것은 곧 독약을 먹고사는 것이다. 나는 인스턴트를 음식으로 여기지 않는다. 그것은 쓰레기와 다를 바 없다. 사람의 입에 들어가는 식품을 두고 쓰레기라 단언하는 내가 과격하다 싶겠지만, 식품첨가물의 실체를 알면 나의 생각에 공감할 것이다.

사람들은 인스턴트가 나쁜 줄 알면서도 열심히 먹는다. 이는 인스턴트를 비만의 문제로만 생각할 뿐, 식품첨가물의 심각성에 대해서는 무지하기 때문이다. 식품첨가물에 대한 무지는 사람들로 하여금 인스턴트에 관대하게 만든다. 식품첨가물의 독성이 일반에 소상히 알려진다면 지금처럼 인스턴트에 탐닉할 수 있을까.

인스턴트를 비만의 관점으로만 접근하는 사고는, 비만을 질병으로 여기지 않는 사람들로 하여금 지나치지만 않으면 먹어도 괜찮은 식품으로 생각하게 만든다. 영양학자들은 인스턴트의 고칼로리가 비만을 야기한다고 하는데, 나는 인스턴트를 두고 칼로리를 운운하는 자체가 불만이다. 칼로리는 사람이 먹는 음식에 적용하는 것이지, 불량식품을 분석하는 데 쓰이는 용어가 아니기 때문이다. 만약 식품첨가물을 경계하는 영양학자라면 인스턴트를 칼로리로 계산하여 음식으로 착각하게 만들지 않을 것이다.

인스턴트를 먹으면 살이 찌게 되는 것은, 그 안의 식품첨가물로 인해 장腸 기능이 저하되기 때문이다. 따라서 비만을 영양 과잉의 결과로 오인하지 말자. 비만은 영양을 흡수하는 소장의 기능이 떨어져 영양물질이 새어나오면서 생기는 질병이니, 그 병의 원인이 식품첨가물에 있는 것이다.

식품첨가물은 식품의 제조 · 가공 · 보존을 위해 식품에 첨가하는 물질이다. 사람들은 인스턴트 하면 값싼 동물성 재료와 산패되기 쉬운 기름, 과다한 설탕, 소금을 생각하지만, 이보다는 식품첨가물을 먼저 떠올려야 한다. 식품첨가물의 사용 여부에 따라 인스턴트와 자연식으로 나누어지기 때문인데, 자연식으로 보일지라도 식품첨가물이 함유되어 있다면 그 역시 인스턴트인 것이다. 내가 일부 비타민제를 인스턴트라 부르는 이유가 여기에 있다. 비타민제 중에는 색소 · 보존제와 같은 식품첨가물이 들어가는 것이 있기 때문이다.

우리나라에서는 550종에 달하는 식품첨가물이 사용되고 있다. 식품의 부패를 방지하는 보존제, 식품을 살균하는 살균제, 지방과 탄수화물의 변질을 막는 산화방지제, 식품의 색을 보기 좋게 하는 착색제, 식품의 색을 선명하게 하는 발색제, 식품의 색을 하얗게 만드는 탈색제, 설탕보다 수백 배의 단맛을 내는 감미료, 식품의 맛을 강화하는 화학조미료, 빵이나 과자를 부풀게 하는 팽창제, 고체와 액체가 분리되지 않도록 결합시키는 안정제 등 그 종류가 엄청나다.

이와 같은 식품첨가물이 건강에 해롭지 않다면 인스턴트가 문제될 바 없겠지만, 여기에는 다음과 같은 충격적인 부작용이 있다. 즉 간에 악영향을 미치는 발암물질인 보존제, 피부염 · 고환 위축 · 유전자 파괴를 일으키는 살균제, 또 다른 발암물질인 산화방지제, 간 · 혈액 · 콩팥 · 뇌 장애를 일으키는 착색제, 간암 · 빈혈 · 구토 · 호흡 곤란 · 의식 불명을 일으키는 발색제, 기관지염 · 천식 · 위점막 자극 · 순환기 장애를 일으키는 탈색제, 소화기 장애 · 콩팥 장애를 일으키는 발암물질인 감미료, 뇌혈관 장애 · 생식력 감퇴·갑상선 장애를 일으키는 화학조미료, 중금속 중독을 일으키는 팽창제, 중금속 배출을 방해하는 안정제 등의 부작용은 식품첨가물이 독약일 수밖에 없는 명백한 증거이다.

그럼에도 왜 식품첨가물이 계속 사용되는 것일까. 치명적인 부작용이 드러나 사용이 금지된 품목을 제외한 대부분의 식품첨가물이 여전히 많이 쓰이는 것은 허용 기준치를 믿기 때문이다. 식품첨가물 허용 기준치가 인스턴트 섭취의 면죄부가 된 것이다. 그 수치를 방패로 내세우는 사람에게 나는 식품첨가물의 독소가 체내에 축적된다는 사실을 강조하면서 지속적으로 인스턴트를 섭취할 경우 결국 그 허용 기준치를 넘게 된다는 사실을 상기시킨다. 허용 기준치의 숫자는 환상에 불과한 것이다.

또 내가 허용 기준치를 무시하는 이유는, 그것이 성인을 대상으로 한 것이라는 점이다. 인스턴트에 탐닉하는 사람은 주로 아이들인데, 성인을 기준으로 해서야 되겠는가. 아이들의 경우 당연히 그 허용 기준치가 낮아진다고 볼 때 태아는 어떻겠는가. 태아의 경우에는 허용 기준치를 거론하는 것 자체가 위험하다. 임신부가 식품첨가물의 허용 기준치를 운운하는 것은 조금이라도 인스턴트를 먹겠다는 욕심이다. 성인을 기준으로 한 허용 기준치 이내의 독소는 임신부에게는 안전할지 몰라도 태아로서는 엄청난 위협이다.

이러한 위협은 과학적인 검사로 밝혀졌다. 갓 태어난 신생아의 머리카락을 분석해 본 결과 다량의 중금속이 검출된 것인데, 외부 환경에 노출된 적이 없는 신생아에게서 중금속이 나온 것은 엄마 뱃속에서 오염되었다는 증거이다. 그리고 그것은 임신부가 태중에 섭취한 인스턴트가 주범이다.

인스턴트로 인한 중금속 오염 경로는 다음의 두 가지이다. 하나는 식품첨가물 자체에 중금속이 함유된 것이고, 또 하나는 정크 푸드Junk Food인 인스턴트의 섭취로 인해 필수 미네랄이 부족해져 상대적으로 중금속 농도가 높아진 것이다. 이처럼 인스턴트는 중금속도 심각한데, 중금속은 모발 검사를 통해 육안 확인이 가능하기 때문에 인스턴트의 해로움을 여실히 보여 준다. 특히 신경독성을 가진 알루미늄·수은·납의 세 개의 중금속은 인스턴트를 특히 경계해야 하는 원인이 되고 있다.

2001년 서울과 강원 지역 초등학생 217명의 모발을 분석한 결과 중금속 오염이 심각한 것으로 나타났다. 알루미늄은 90퍼센트의 아이들이 허용 기준치를 초과하였고, 수은은 19퍼센트, 납은 11퍼센트의 아이들이 허용 기준치를 초과한 것이다. 그런데 아이들의 중금속 오염이 이처럼 심각한 이유는, 성인보다 인스턴트 기호도가 높은데다 음식을 통해 체내로 들어온 중금속이 체외로 배출되지 않은 때문이다.

인스턴트에는 중금속을 흡착·배설하는 섬유질이 없는데다 식품첨가물의 화학 성분을 분해하는 과정에서 중금속을 정화하는 데 필요한 영양소가 소모되기 때문에 인스턴트를 먹을수록 중금속에 쉽게 오염된다. 게다가 식품첨가물인 안정제는 중금속 배출을 방해하고, 팽창제와 착색제는 중금속을 가중시키니, 알루미늄 캔에 담긴 음료, 팽창제로 부풀린 빵과 과자, 착색제를 넣은 사탕, 안정제가 들어간 아이스크림을 좋아할수록 모발에서의 중금속 검출 가능성은 높아진다.

인스턴트를 탐닉하는 어머니로 인해 뱃속에서 이미 중금속에 오염된 아이가 성장하면서 계속 인스턴트를 섭취할 경우 중금속은 더욱 더 축적될 수밖에 없다. 따라서 중금속 문제는 아이의 인스턴트 섭취를 무작정 막는다고 해결되지 않는다. 임신한 어머니가 인스턴트를 금해서 태아의 중금속 오염을 근본적으로 막아야 하는 것이다. 혹자는 모유 수유로 중금속을 줄일 수 있다고 하지만, 인스턴트를 즐기는 어머니의 모유에서 중금속이 검출되는 현실은 그러한 주장을 무색하게 만든다.

나의 호소에도 불구하고 인스턴트를 계속 먹고 싶은 임신부는 알루미늄 · 수은 · 납의 폐해가 얼마나 무서운지 주목하기 바란다. 앞서 말한 대로 이들 중금속은 신경독성을 지니는데, 이들 물질은 뇌에 악영향을 끼쳐 사고 · 감성 · 행동 등의 뇌 기능에 문제를 일으킨다. 과잉 행동과 주의력 결핍을 보이는 아이들의 모발에서 알루미늄 · 수은 · 납이 다량 검출되는 것은 그 아이들이 신경독성으로 인한 뇌 기능 질환에 걸려 있음을 알게 한다. 아이들의 통제할 수 없는 에너지는 왕성한 생명력에서 비롯하는 것이 아니라 ADHD^{주의력결핍과잉행동장애}라는 질병인 것이다.

ADHD 아동들은 비행청소년이 되기 쉽다. 부모도 통제하지 못하는 항진된 에너지를 학교와 사회가 잡아 주기를 바라는 것은 무리이다. 그러나 이는 그 아이들만을 탓할 문제가 아니다. 그들도 피해자이기 때문이다. 그들도 인스턴트의 피해자인 것이다.

비행청소년의 모발을 분석해 보면 ADHD 아동들처럼 알루미늄 · 수은 · 납이 다량 검출된다. 비행청소년의 반사회적인 일탈 행위는 신경독성에 의해 뇌 기능이 저하됨에 따라 자신을 통제하지 못해서 생기는 질병인 것이다. 부모가 인스턴트를 금하는 음식 태교를 하고, 어린 시절에 인스턴트를 멀리하도록 가정 교육을 시켰더라면 충분히 예방할 수 있는 문제이다.

모발에서 중금속이 검출되는 것은 ADHD 아동과 비행청소년들만이 아니다. 자폐 아동도 중금속 오염이 심각한데, 특히 수은이 문제되고 있다. 수은이 뇌세포를 잠식함으로써 자폐를 유발한다고 주장하는 의학자들은, 선천적으로 수은 해독력이 부족한 아기가 예방접종을 통해 수은에 오염된다는 사실을 경고한다. 백신 방부제로 쓰이는 수은을 경계하는 것이다.

그런데 자폐아가 수은에 오염되는 원인은 따로 있다. 의학자들은 인스턴트의 문제를 배제하고 있지만, 나는 자폐의 뿌리를 인스턴트의 섭취로 인한 태아의 수은 오염에서 찾는다. 인스턴트의 독소가 백신 방부제보다 심각하다는 말이다. 자폐아의 수은 해독력이 떨어지는 것도 임신부가 섭취한 인스턴트 탓이다.

갓 태어난 아기를 보며 장차 비행청소년이 되지는 않을까 염려하는 부모는 없다. 자폐에 대한 두려움도 느끼지 않는다. 부디 이러한 사랑과 평화가 인스턴트로 인해 깨지지 않기를 바란다. 이는 모두 임신부의 식욕 절제에 달려 있으니, 어떠한 경우라도 임신부의 입으로 인스턴트가 들어가서는 안 된다.

▲

인스턴트를 끊기란 쉽지 않다. 주위의 먹을거리 대부분이 인스턴트이기 때문이다. 환자들은 먹지마 건강법대로 이것저것 피하면 굶을 수밖에 없다고 하소연한다. 그런데 이는 평소 인스턴트만 먹어서 그런 것이지, 실제로 먹을 게 없는 것이 아니다. 인스턴트를 금하려면 자연식을 찾는 노력이 필요한데, 이러한 노력 없이 인스턴트를 끊으면 영양 결핍을 초래하게 된다.

인스턴트를 금하는 음식 태교가 어려운 것은, 자연식을 선택하고 그것을 요리하는 과정이 번거롭기 때문이다. 슈퍼마켓에 진열된 먹을거리는 모두 인스턴트이니, 음식 태교를 하는 임신부가 그 안에서 선택할 수 있는 것은 생수뿐이다. 따라서 시장에서 직접 구입한 자연 재료로 요리를 해야 하는데, 몸이 무거운 임신부에게는 적지 않은 부담이다.

그러나 태아를 위해서는 이러한 부담을 인내해야 한다. 간편한 인스턴트를 취해 요리의 번거로움에서 벗어나려는 안일한 마음을 절제해야 식품첨가물의 독소와 중금속으로부터 태아를 보호할 수 있다. 비행청소년으로 자란 아이 탓에 평생 받을 고통에 비하면 열 달 동안의 절제는 작은 수고에 불과하다.

인스턴트에 무지한 사람들은 인스턴트의 범주를 한정지어 생각한다. 햄버거·피자·라면·냉동식품 같은 패스트푸드 정도를 인스턴트로 여기는 것이다. 그러나 인스턴트의 범위는 아주 넓다. 식품첨가물이 들어가는 식품은 모두 인스턴트로, 공장에서 생산되는 먹을거리는 전부 이에 해당한다. 어떤 식품이든 대량 생산해서 오랜 시간 동안 보관·유통하려면 식품첨가물을 쓸 수밖에 없기 때문이다.

언젠가 껌을 씹는 환자에게 치료를 시작하려면 인스턴트부터 뱉어야 한다고 요구하였다. 그는 껌도 인스턴트냐며 의아해 했는데, 껌을 씹을 때 입 안에 녹지 않고 남아 있는 껌 베이스는 석유에서 화학합성된 초산비닐수지이다. 더구나 이것은 접착제의 주성분으로 페인트에도 사용될 뿐만 아니라 동물 실험에서 발암성이 확인된 유해 물질이다.

껌의 본모습을 모르는 그 환자처럼 요즘 사람들은 불량식품에 대해 무관심하다. 자일리톨이 아무리 건강한 천연 물질이라 하더라도 껌 베이스가 초산비닐수지로 만들어지는 한 자일리톨껌은 유해한 인스턴트이다. 부디 음식 태교에 임하는 임신부들은 천연을 위장한 인스턴트에 속지 않기 바란다. 곡물·야채·과일·해산물을 제외한 모든 식품은 인스턴트라고 생각하는 것이 속 편하다.

▲

인스턴트를 끊겠다 결심한 여성 중에는 간혹 임신 전에 실컷 먹어두자고 생각하는 사람이 있다. 한약을 먹으면 술을 못 마시니 그 전에 마음껏 마시겠다는 남성의 심리와 비슷하다. 하지만 이는 분명 잘못된 생각이다. 여성의 평소 건강 상태가 아이의 건강으로 이어지기 때문이다. 임신 전이라도 건강 관리에 소홀함이 없어야 하는 것이다.

임신 사실을 알게 되면 그때 인스턴트를 끊겠다고 하는 태도도 바람직하지 않다. 보통 여성은 임신 4주가 지나야 임신 여부를 확인하기 때문이다. 이는 임신을 몰랐던 한 달 동안은 인스턴트를 먹은 셈이니, 음식 태교가 시작부터 어긋난 것이다.

음식 태교를 제대로 하려면 임신을 계획하는 날부터 인스턴트를 피해야 한다. 따라서 결혼과 동시에 인스턴트를 끊는 것이 좋고, 처녀 시절부터 끊는다면 더할 나위 없다. 몸에 축적되는 중금속의 특성을 볼 때 임신을 확인하고 나서야 인스턴트를 끊는 것은 때가 늦다. 임신 전에 축적된 중금속은 어쩌겠는가. 그러므로 여성은 임신하기 훨씬 전부터 인스턴트를 끊어서 더 이상의 독소 축적을 막고, 이미 축적된 독소는 자연식을 통해 해독시켜야 한다. 이처럼 인스턴트의 차단은 결혼 전부터 실천해야 하는 음식 태교의 첫 번째 실천 사항이다.

아내는 결혼하기 2년 전, 연애 시절부터 인스턴트를 끊었다. 이는 아내가 음식 태교의 필요성을 일찍 느껴서인데, 남달리 아이스크림을 좋아했던 아내는 그 안에 들어가는 식품첨가물의 실체를 알고 나서는 그것을 과감히 끊었다. 물과 기름처럼 섞이기 힘든 재료를 혼합하는 '유화제'는 독소의 체내 흡수를 촉진하고, 아이스크림이 쉽게 녹아내리는 것을 막는 '안정제'는 유화제와 마찬가지로 독소의 해독을 방해하며, 맛있게 보이도록 색을 내는 '착색료'는 알레르기를 비롯한 유해성 논란이 끊이지 않는다.

밥보다 아이스크림을 좋아하던 아내가 아이스크림을 끊는 절제력으로 인스턴트 전체를 금하였으니, 딸아이 지양이를 갖기 3년 전부터 시작한 음식 태교는 임신 열 달을 거쳐 출산 이후 지금까지 지켜지고 있다. 인스턴트를 금하는 음식 태교가 육아 과정으로까지 이어지고 있는 것이다.

곡물과 과일만큼은
친환경농산물을 택하라

음식을 통해 우리 입으로 들어오는 유해 물질은 인스턴트의 식품첨가물만 있는 것이 아니다. 겉보기에 자연식이라 해도 농약·방부제·항생제·호르몬 등이 사용되면 인스턴트와 다를 바 없다. 따라서 오염된 자연식을 먹지 않는 것이 음식 태교의 두 번째 실천 사항이다.

농산물에 농약이 사용된다는 사실은 누구나 알고 있다. 농약의 해로움도 모든 사람이 공감한다. 그럼에도 농약으로 오염된 농산물을 경계하지 않는 것은 농약의 심각성을 간과하기 때문이다. 벼 농사를 예로 들어 보자. 우선 종자를 농약으로 소독한 다음, 모판에 밑비료를 주면서 살충제를 뿌리고, 다시 웃비료를 주면서 병충약제를 뿌린다. 그리고 본답에서는 화학비료를 서너 차례 치면서 다양한 병충약제를 예방접종하듯이 준다. 잎도열병약 · 이삭도열병약 · 입집무늬마름병약 · 벼멸구약 · 매미충약 · 심고선충약 · 일화명충약 등을 이것저것 섞어 농약 칵테일을 만들기 때문에, 살포 횟수를 줄여도 적어도 여섯 차례에 걸쳐 열일곱 종이 넘는 농약이 살포된다.

이와 같은 농약 살포 실태를 보면 우리가 밥을 먹는 건지 농약을 먹는 것인지 모를 정도이다. 더욱이 농약은 곡물뿐만 아니라 채소와 과일에도 쓰이니, 우리 식탁이 농약으로 차려진다 해도 과언이 아니다. 현재 우리나라에서 사용되는 농약은 수백 종에 달한다. 대부분 화학합성으로 만들어진 인공 물질로 토양과 농작물에 침투하여 그것을 먹는 사람 몸에 축적되는데, 암과 기형을 유발한다는 점에서 그 부작용이 매우 심각하다.

군軍 병원에서 복무했던 나는 농약 중독 환자를 여럿 보았다. 농약 중에서도 그라목손이라는 제초제가 가장 치명적인데, 한 방울이라도 입에 들어가면 해독이 불가능하다. 내가 농약을 크게 경계하는 것은 농약으로 인해 식도와 위가 타들어가며 죽는 환자의 비참한 모습이 잊히지 않기 때문이다. 농약에 대한 나의 태도가 과민해 보일지 모르겠지만, 농약의 피해를 조금이라도 경험해 본 농민이라면 공감할 것이다. 임신부는 농약은 곧 독약임을 명심하고 태아에게 소량이라도 미치게 해서는 안 된다.

내가 먹지마 건강법을 처음 주장했던 1999년에는 농약 문제를 적극적으로 말하지 못했다. 대안을 찾기가 힘들었기 때문이다. 그러나 지금은 다르다. 친환경농산물의 선택이 쉬워진 것이다. 물론 당시에도 친환경농산물이 있었지만 수량이 많지 않았고, 비싼 가격을 이해할 정도로 사람들의 환경 의식도 충분하지 않았다. 2002년부터 웰빙 열풍이 불면서 잘 먹고 잘살기를 바라는 사람들이 늘어남에 따라 친환경농산물의 수요가 급증했고, 이에 공급도 늘어났다. 한살림과 생협을 통해 한정적으로 공급되던 1999년과 달리 지금은 여러 기업이 친환경 사업에 뛰어들어 곳곳에 많은 매장을 열었다. 아울러 인터넷은 친환경농산물의 구입을 더 편하게 만들었다.

친환경농산물에 대한 용이한 접근은 임신부에게는 커다란 축복이다. 농약의 위험성을 아는데도 친환경농산물을 구입하기가 어렵다면 얼마나 가슴 졸이겠는가. 그래서 우리 집은 친환경농산물만 이용하고 있다. 예전에는 한살림 매장에서 주로 장을 보다가 아내가 임신한 뒤로는 생협 사이트에서 온라인 구매를 하고 있다. 한살림과 생협에 없는 농산물은 집 근처의 유기농 매장이나 마이너스 건강클럽 농민들과의 직거래를 이용하였다. 이처럼 친환경농산물의 구입 방법이 쉬워진 덕에 우리 지양이를 농약의 위험에서 지킬 수 있었으니, 예전 같았으면 음식 태교가 무척 힘들었을 것이다.

친환경농산물의 구입이 편해졌음에도 불구하고 선택을 주저하는 사람들이 많다. 첫째는 경제적인 부담 때문이고, 둘째는 품목이 다양하지 않기 때문이며, 셋째는 그마저 믿을 수 없기 때문이다. 친환경농산물은 사실 비싸다. 그러나 농민의 수고를 생각한다면 가격을 탓해서는 안 된다. 오히려 일반 농산물이 싸다고 여겨야 한다. 친환경농산물은 식비 부담을 크게 늘리지만, 건강을 위한 투자이므로 치솟는 엥겔지수를 두려워하지 말자. 이는 외식비·유흥비 등의 문화비를 줄이면 감당할 수 있다.

교육비를 경제 지출의 우선순위로 삼는 우리나라 가정에서 친환경농산물의 구입은 결코 큰 부담이 아니다. 농약으로부터 아이를 보호해야 교육 효과를 제대로 얻을 수 있기 때문이다. 특히 임신부는 소량의 독소에도 민감하게 반응하는 태아를 위해 친환경농산물을 반드시 선택하자.

친환경농산물의 품목이 다양하지 못한 것은 당연하다. 모두 제철 식품이기 때문이다. 친환경농산물은 제철에 생산될 수밖에 없으니, 철을 거슬러 사시사철 먹으려면 농약을 써야 한다. 친환경농산물의 품목이 한정된 것은 농약으로부터의 자유를 의미하기에 오히려 장점인 것이다. 따라서 철부지 음식으로 풍성하게 차려진 식탁을 제철에 맞추어 친환경농산물로 소박하게 바꿔야 한다.

그런데 친환경농산물은 제철에도 물량이 부족하다. 한살림 매장에 가 보면 사람들이 개장 시간 전부터 줄을 서 있는데, 이는 서둘러 사지 않으면 구경하기조차 힘든 품목이 있기 때문이다. 수요에 비해 공급이 달리는 탓이다. 친환경농산물의 생산이 어려운 탓에 웰빙 열풍으로 폭증하는 수요를 미처 감당하지 못하고 있다.

친환경 농법에는 네 단계가 있다. 농약을 소량 쓴 저농약, 농약을 일절 쓰지 않은 무농약, 3년 이상 농약과 비료를 쓰지 않은 유기농, 그리고 무농약과 유기농의 중간 단계인 전환기 유기농. 이 네 단계에서 농약을 소량 쓰는 저농약도 쉽지 않은데, 비료조차 쓰지 않는 유기농은 얼마나 힘들겠는가. 따라서 물량 부족을 두고 농민을 탓하지 말자. 친환경 농민이 많아지기를 기다리는 소비자의 여유가 필요하다.

친환경농산물을 제대로 구입하기 위해서는 많은 정보가 필요하다. 아내는 한살림과 생협 소식지에 적힌 물품과 인터넷 쇼핑몰에 게시된 품목, 그리고 매장에 진열된 농산물을 서로 비교한 후에 선택하고 있다. 식탁 전체를 친환경농산물로 차리는 우리 집에서는 정보가 중요하다. 반찬의 가짓수와 식비의 지출 규모를 결정하기 때문이다. 이처럼 적지 않은 노력과 정성으로 구입하기에 우리 부부는 음식을 더 값지게 대하고 있으니, 이 음식이 어찌 태아에게 이롭지 않을까.

어느 식당 주인으로부터 들은 이야기이다. "저희는 친환경농산물을 쓰지 않습니다. 믿을 수 없거든요." 수입산을 국내산으로 속이고 유통기한마저 변조하는 것이 현실이다 보니, 친환경농산물을 의심하는 그의 마음을 이해할 수 있었다. 실제로 일반 농산물을 친환경농산물로 사칭한 판매상이 적발되기도 하였다.

친환경농산물에는 저농약·무농약·전환기 유기농·유기농의 네 가지로 구별된 국가 인증 마크가 부착되어 소비자가 이를 확인할 수 있지만, 인증 마크가 허위로 사용될 가능성을 배제할 수 없다. 수요가 많아 가격이 상승하면 가짜가 등장하기 마련인데, 이러한 병폐는 친환경농산물에서도 벌어진다. 정부에서 농산물 유통 과정을 엄격하게 단속해 주었으면 싶지만 지금의 행정력으로는 역부족이므로 소비자단체가 나서서 감시할 수밖에 없다.

하지만 구더기 무서워 장 못 담그랴. 가짜 농산물에 대한 염려 때문에 친환경농산물을 포기하지 말자. 일반 마트에 진열된 친환경농산물이 의심스럽다면 한살림과 생협 같은 전문 매장을 이용하기 바란다. 한살림과 생협은 비영리 조합이므로 가격이 저렴할 뿐만 아니라 철저하게 품질 감시를 하고 있어서 의심 많은 나도 100퍼센트 믿는다.

친환경 농민과의 직거래도 좋다. 요즘은 인터넷 사이트를 통해 직접 판매를 하는 농민들이 많은데, 게시판을 통해 생산자와 대화를 나누는 과정에서 쌓이는 신뢰는 농산물에 대한 믿음으로 이어진다. 내가 운영하고 있는 마이너스건강클럽에서는 믿음직한 생산자들이 소비자들과 활발한 교류를 하고 있다. 경우에 따라서는 한살림이나 생협보다 가격이 저렴하고 맛도 좋아서 아내의 음식 태교에도 큰 도움이 되었다.

문은 두드리는 자에게만 열리는 법이다. 신뢰가 안 간다고 포기하지 말고, 믿을 수 있는 방법을 애써 찾으면 좋은 품질의 농산물을 구입할 수 있다. 특히 임신부는 태아를 위해 열심히 문을 두드려야 한다. 밥상 전체를 친환경농산물로 차리기 힘든 사람에게 나는 곡물과 과일만큼은 친환경농산물로 먹으라고 한다. 곡물은 우리의 주식이기 때문이고, 과일은 농약을 지나치게 남용하기 때문이다.

건강에 좋은 현미도 농약으로 재배된 것은 해로운데, 현미의 겉껍질에 농약 성분이 축적되기 때문이다. 따라서 친환경농산물을 선택하지 않을 바에는 차라리 백미가 났지만, 백미는 섬유질이 제거된 정백精白 식품인 까닭에 성인병에 걸리지 않으려면 수고롭더라도 친환경 현미를 먹어야 할 것이다.

과일의 농약 남용은 특히 심각하다. 농약을 뿌리지 않으면 수확이 어려울 정도이니, 무농약과 유기농 재배가 아예 불가능한 과일도 많다. 물에 잘 씻거나 껍질을 벗겨 먹으면 괜찮다고 하지만, 이는 계면활성제에 대해 잘 몰라서 하는 말이다. 계면활성제는 과일에 뿌린 농약이 빗물에 씻기지 않도록 하는 것으로, 결과적으로 과일의 잔류 농약을 증가시킨다. 따라서 과일은 반드시 친환경농산물을 선택해야 하는데, 그럴 수 없다면 아예 먹지 않는 편이 나을 수 있다.

비타민 섭취를 위해 과일을 가리지 않는 임신부가 있다면 농약 걱정을 먼저 하기 바란다. 특히 수입 과일은 '포스트 하비스트Post-harvest' 때문에 절대 금해야 한다. 이것은 수확 후에 농약을 살포하는 것으로, 수입 과일에는 포스트 하비스트가 엄청나다. 장기간의 유통 과정에서 과일에 벌레가 슬거나 상하는 것을 막고자 수확 후에도 농약을 뿌리는 것인데, 재배 과정에 살포되는 농약과 포스트 하비스트로 인해 수입 과일은 설상가상의 농약 덩어리가 된다. 그러므로 임신부에게 수입 과일은 절대 금물이다.

아기 이유식에 수입 과일을 쓰는 문제도 마찬가지다. 돌 이전의 아기에게 사과 · 배 · 바나나가 이유식으로 많이 사용되는데, 바나나는 포스트 하비스트 과일이라는 점에서 결코 바람직하지 않다. 덜 익은 상태에서 수확한 바나나를 고농도 살균제에 몇 시간 동안 담갔다가 살충제를 뿌린 다음 배에 선적하는 광경을 본다면, 그 어머니가 과연 아기에게 바나나를 줄 수 있을까. 이러한 바나나는 성인도 먹을 수 없는 농약 덩어리이다.

제주도에서 수확하여 서울로 이송하는 과정에서 단 이틀 만에 검게 뭉그러지는 것이 바나나의 본래 모습이니, 우리나라에 도착하기까지 4주 이상 걸리는 수입 바나나가 노릿노릿 먹음직하게 보이는 것은 포스트 하비스트 때문이다. 음식 태교에서 과일의 농약 문제는 반드시 짚고 넘어가야 한다. 과일은 임신부가 많이 먹는 음식이다. 입덧으로 잃은 미각을 되살리고 비타민을 공급하는 과일이 태교에 좋은 것은 사실이지만, 이는 어디까지나 친환경농산물에 한한 것이다.

농약 사용은 육류도 예외가 아니다. 우유에 잔류 농약 기준치가 정해져 있을 정도이니, 농약은 곡물·야채·과일의 문제에 국한되지 않는다. 1960년대 미국은 우유에 농약이 함유된 사실을 확인하고는 육류와 유가공품의 농약 오염을 인정했고, 1970년 일본에서도 우유에서 강력한 농약인 BHC가 다량 검출되어 사회적으로 큰 파장이 일었다. 그렇다면 왜 우유에서 농약이 검출될까.

석유에서 합성되는 농약은 기름에 쉽게 녹는 까닭에 풀이나 사료를 통해 가축의 입으로 들어가면 배설되지 않고 지방에 그대로 쌓인다. 우유가 농약으로 오염되는 것은 두꺼운 지방층으로 이루어진 유방에 농약이 많이 축적되기 때문이다. 이는 어머니의 모유도 마찬가지니, 1970년과 1971년에 사용 금지 품목으로 지정된 DDT와 BHC가 1980년대생들한테서 검출되는 것은 어머니의 몸에 축적된 농약을 물려받은 때문이다.

'생체 농축'은 육류의 농약 문제를 심각하게 만든다. 동물이 농약에 오염된 식물을 섭취함으로써 체내의 농약 축적량이 증가하는 것을 생체 농축이라 하는데, 먹이사슬이 높아질수록 생체 농축이 심해지는바, 결국 먹이사슬 맨 꼭대기에 있는 사람이 가장 큰 피해를 입게 된다. 따라서 곡물·야채·과일의 농약이 걱정된다면 육류와 유가공품은 더 경계해야 한다.

모유에서도 농약이 검출되는 상황이므로 임신부는 오염된 육류와 유가공품을 멀리할수록 좋다. 임신부가 육류와 유가공품의 섭취를 줄이는 것, 이것은 인스턴트의 차단과 친환경농산물의 선택에 이어 음식 태교의 세 번째 실천 사항이다.

육류와 유가공품은
태아를 항생제에 물들게 한다

항생제 남용의 문제는 널리 알려진 사실이다. 그것은 내성균을 키울 뿐만 아니라 인체의 정상 세포와 유익균까지 죽인다. 이로 인해 임신부도 항생제 투여를 기피하고 의사도 임신부에게 항생제를 처방하지 않으니, 태아를 항생제의 살기殺氣로부터 지키기 위함이다. 그러나 임신부의 뱃속에서는 비밀스럽게 살기의 위협이 가해지고 있다. 어떻게 이런 일이 가능할까. 그것은 축산물 때문이다.

사람들은 항생제 남용에 대해 의사를 탓하면서도 자신이 먹고 있는 육류와 유가공품 속에 항생제가 들어 있다는 사실은 간과한다. 나는 육류의 항생제를 생체 농축된 농약 이상으로 심각하게 여긴다. 요즘 사람들의 항생제 부작용이 육류에 숨어 있는 항생제에서 비롯한다고 보기 때문이다. 병원에서 항생제 처방을 받지 않아도 육류를 즐기는 사람은 누구나 항생제의 피해를 당할 수 있으니 이 얼마나 무서운 일인가. 더구나 감기약조차 삼가는 임신부가 자신도 모르게 항생제를 섭취하고 있다는 사실은 충격이다.

가축 사료에는 항생제가 첨가되어 있다. 이처럼 가축들이 항생제를 사료와 함께 먹게 된 데에는 나름의 이유가 있다. 축산물의 대량 생산을 위해 좁은 공간에 가축들을 가두어 키우는 다두수多頭獸 사육은 온갖 질병을 부르게 되니, 항생제에 의존하지 않고는 축산이 불가능하다. 질병이 생기면 항생제를 처방받는 인간과 질병을 예방하는 차원에서 항생제를 미리 먹는 가축, 이 둘 중에 어느 쪽의 항생제 남용이 더 크겠는가. 인간의 항생제 내성률이 높은 것은 항생제 사료로 키운 가축을 매일 먹는 까닭이지, 단순히 항생제 처방 때문만은 아니다.

항생제는 적군과 아군을 가리지 않고 공격하는 폭탄이다. 자신의 뱃속을 폭탄이 난무하는 전쟁터로 만들고 싶지 않다면 항생제로 오염된 육류와 유가공품을 끊어야 한다. 임신부는 특히 이 사실을 명심하자. 새 생명이 자라는 평화로운 공간에 전쟁이 벌어지도록 해서는 안 된다. 나는 감기와 염증 질환을 달고 사는 아이들을 볼 때마다 그것이 태아 시절의 항생제 영향 탓은 아닌지 의심해 본다. 항생제 남용은 어머니 뱃속에서부터 시작된다고 생각하는 것이다.

▲

여성의 초경이 빨라졌다. 50년 전에는 17세가 되어야 시작하던 생리를 요즘 여성들은 12세부터 시작한다. 부모는 딸아이의 빠른 성장이 반가울 수도 있겠지만, 의료인의 입장에서는 전혀 그렇지 않다. 초경이 빠를수록 폐경도 앞당겨져서 그만큼 몸이 일찍 퇴화하기 때문이다. 그리고 호르몬이 너무 빨리 분비되면 유방암과 자궁암에 걸릴 확률이 높아지니, 여성의 유방암·자궁암 발병률이 점차 높아지고 있는 데에는 빨라진 초경에도 그 원인이 있다.

의학자들은 동물성 식품의 과잉 섭취로 인해 조기 초경이 생긴다고 말하나, 사실은 육류에 첨가된 성장촉진호르몬 때문이다. 나는 조기 초경의 원인이 의학자들의 말처럼 과잉 영양 때문이 아니라 호르몬에 오염된 가축 때문에 생기는 질병이라고 생각한다. 즉 조기 초경은 영양 과잉에 따른 생리 현상이 아니라 인공호르몬에 노출되어 발병하는 환경병인 것이다.

가축 사료에는 성장촉진호르몬이 들어간다. 대량 생산의 욕심이 육류를 항생제로 오염시켰다면, 가축의 몸집을 늘려 상품 가치를 높이려는 욕심이 호르몬을 사용하게끔 만들었다. 호르몬을 투여하면 가축의 무게가 20퍼센트 이상 늘어나니, 자연 상태에서 이를 상품화하는 데 3년 걸리던 것이 이제는 6개월 만에 가능해졌다.

사료에 함유된 인공호르몬이 3년의 시간을 6개월로 단축시킨 것인데, 여기서 우리는 여성의 초경이 17세에서 12세로 빨라진 원인을 찾을 수 있다. 생명체에는 자연의 시계가 있어서 때가 되면 규칙적으로 성장하고 퇴화한다. 인공호르몬이 무서운 것은 이 같은 생체 시계를 망가뜨리기 때문인데, 3년을 6개월로 단축하고 17세를 12세로 앞당기는 생체 리듬의 혼란은 큰 부작용을 초래한다.

그런데 이러한 부작용은 이미 오래 전부터 있어 왔다. 호르몬이 함유된 미국산 닭고기를 주식으로 먹는 푸에르토리코에서는 생후 7개월에 젖가슴이 부풀고, 20개월에 음모가 생기며, 6세에 월경을 시작하는 여자아이가 2천여 명이나 발생하였다. 비정상적인 조숙 현상을 보인 그 아이들은 초경 이후로 발육이 정지되어 정작 성년이 되어서는 난쟁이로 살아야 했으니, 이는 인공호르몬으로 생체 시계가 파괴되면 얼마나 무서운 재앙을 겪게 되는지를 보여 주는 대표적인 사건이다.

인공호르몬의 부작용은 남자도 예외가 아니다. 남자 가슴이 여자처럼 커지는 것이 그 하나인데, 여성형 유방을 가진 남자들은 공통적으로 육류를 탐닉한다. 1960년 로마올림픽 당시 유럽의 매스컴을 통해 뉴욕의 유명 레스토랑에서 근무하는 남자 요리사의 유방이 커졌다는 뉴스가 보도됨으로써 남자에게 끼치는 인공호르몬의 부작용이 처음으로 알려졌다. 그러나 축산물의 인공호르몬은 외형 문제로만 그치지 않는다. 요즘 남자들의 여성적 언행이나 동성애와 같은 성 정체성의 혼란 역시 인공호르몬의 부작용과 무관하지 않다.

장차 자신의 딸이 조기 성숙으로 조로早老하기를 바라는 임신부가 어디 있을까. 귀한 아들이 여자처럼 되기를 바라는 임신부도 없을 것이다. 여자의 초경이 12세로 빨라지고, 여자 같은 남자들이 늘어나는 요즘 인공호르몬에 오염된 축산물의 피해는 이미 퍼진 상태이다. 아이의 미래를 생각하는 임신부라면 스스로 육류를 삼가서 그 부작용을 근본적으로 차단해야 할 것이다.

▲

나와 아내는 채식인이다. 2010년 현재 내가 육식을 금한 지는 12년이 되었고, 아내는 10년이 되었다. 아내의 채식은 나를 만나면서부터 시작되었는데, 임신 중에도 어긋남이 없었다. 그렇다고 내가 모든 임신부에게 우리처럼 완벽한 채식인이 되라고 요구하는 것은 아니다. 음식 태교의 세 번째 실천 사항은 육식을 금하는 게 아니라 가려먹는 것이니, 육류와 유가공품에도 친환경생산물이 있으므로 농약·항생제·호르몬에 오염되지 않은 것은 괜찮다.

그런데 우리 부부가 친환경축산물이 있음에도 채식만 하는 데에는 이유가 있다. 태아를 위해 단백질을 많이 먹어야 한다는 주위 사람들의 염려에도 아랑곳없이 임신한 아내가 철저하게 육식을 금한 것은 음식에 따라 사람의 심성이 달라지는 것을 알기 때문이다. 대부분의 의료인은 동물성 단백질에 대한 강박증 탓에 임신부의 채식을 결코 긍정적으로 보지 않지만 나는 다르다. 임신 중에 채식만 하는 아내가 오히려 자랑스러웠다. 환자들을 통해 사람의 이미지가 음식에 따라 달라지는 것을 경험한 나는, 아내의 채식 덕에 우리 아이가 선한 인상을 갖게 되리라 확신했기 때문이다.

나는 환자의 기색형태氣色形態를 살피는 망진望診으로 진단을 한다. 사람의 얼굴에는 생리와 병리 상태가 명백히 드러나기에 나는 손으로 잡는 맥진脈診보다 눈으로 보는 망진을 선호한다. 이렇게 15년 이상 환자의 얼굴을 살피다 보니 병색 외의 것이 보인다. 사람마다 느껴지는 독특한 이미지가 그것인데, 사람의 식습관은 그의 이미지에도 영향을 미친다. 육식의 이미지는 무겁고 탁하며, 채식의 이미지는 가볍고 맑은 것이다.

　나는 진료실에서 환자의 이미지를 먼저 감지한 다음 식습관을 묻기 때문에, 육식과 채식의 이미지 차이는 육식에 대한 나의 선입견에서 나오는 것이 아니다. 환자의 이미지는 외형적인 분위기로 그치지 않고 언행으로도 나타난다. 이에 묻지도 않고 환자의 식습관을 파악하는 나를 점쟁이로 여기는 사람도 있지만, 이는 사주나 관상과 다르다.

　생선 싼 종이에서는 비린내가 나고 향을 싼 종이에서는 향기가 나는 법이니, 종이 냄새만으로 그 내용물을 짐작하는 것은 신기한 일이 아니다. 닭고기와 계란을 즐기는 사람은 인내심 없이 산만하고, 소고기를 좋아하는 사람은 어눌하며, 돼지고기를 탐닉하는 사람은 음침하다. 이처럼 선호하는 음식에 따라 감지되는 특정한 이미지가 있는데, 어찌 우리 부부가 음식을 가려먹지 않겠는가. 아내가 임신 중에 채식을 고집한 것은 우리 아이가 산만하고 어눌하며 음침한 이미지를 갖게 하고 싶지 않아서였다.

⚑

음식은 사람의 몸 안에서 소화 · 흡수되어 그냥 사라지지 않는다. 음식도 생명을 지닌 기체氣體였던 까닭에 사람의 기운과 융화되어

'기氣의 흔적'을 남긴다. 불교에서는 이러한 흔적을 업業이라 부르니, 음식을 먹으면 그것이 동물이든 식물이든 간에 다른 생명체의 업을 공유하게 된다.

그런데 기의 흔적은 음식의 종류에 따라 다르다. 업이 작용하는 기간과 강도가 다르다는 것이다. 살아 있을 당시에 기가 센 음식일수록 기의 흔적이 뚜렷하여 인간을 구속하는 업이 강하다. 수행자가 채식을 하는 이유가 여기에 있다. 윤회의 고통에서 벗어나고자 업장業障을 소멸하는 과정에서 음식의 업까지 감당할 수 없는바, 업장이 가장 약한 식물을 먹는 것이다. 따라서 식물보다 업이 훨씬 강한 동물을 먹어서는 수행이 불가능하다.

종교적인 믿음을 떠나 기를 느끼는 사람은 누구나 육식을 멀리한다. 동물의 기운이 자신의 기를 탁하게 하는데 어찌 육식을 하겠는가. 내가 환자의 얼굴에서 음식으로 형성된 이미지를 읽는 것은 육식으로 인한 탁한 기의 흔적이 보이기 때문이다.

그런데 육류의 탁기濁氣는 동물의 강한 업장과 함께 육류에 담겨 있는 엄청난 분노에서 비롯한다. 질병으로 인한 고통과 죽음의 공포는 인간에게만 있는 것이 아니다. 가축도 본능적으로 고통과 공포를 느끼니, 사람들이 먹는 육류에는 열악한 환경에서 항생제와 호르몬을 먹어 가며 온갖 질병에 시달리는 가축의 고통과 도살장에서 맞는 공포가 배어 있다.

　죽음의 공포 속에서 분비되는 호르몬 덕에 사람들은 육질이 부드럽다며 맛있어 하지만, 사실 그들의 입으로 들어가는 가축의 살덩어리에는 자신을 잔인하게 죽인 사람들을 향한 분노가 배어 있다. 공포영화에나 나올 법한 이러한 분노는 동물의 업장을 증폭시켜 사람들을 그 업으로 옥죄인다. 고혈압·중풍·당뇨·암과 같은 성인병이 그 업으로 인한 복수인 것이다.

　따라서 나는 기를 감지하는 임신부에게 친환경축산물을 선택하는 데 만족하지 말고 완전 채식을 할 것을 권한다. 설탕과 밀가루를 탐닉하지 않는다면, 임신 중에 완전 채식을 해도 태아에게 전혀 문제가 되지 않는다. 오히려 업장에서 자유로운 성현聖賢의 탄생을 기대할 수 있는 것이다.

설탕을 끊어야
아기의 뼈가 튼튼해진다

채식인 중에도 몸이 아픈 사람들이 많다. 스트레스나 환경오염으로 인한 질병은 채식만으로 해결되지 않는데, 설령 육식 때문에 생긴 병일지라도 채식하는 방법이 그릇되면 치유되지 않는다. 다음의 5 원칙에서 벗어난 채식은 소용없는 것이다.

01 │ 곡물 > 야채 > 과일의 비율로 채식한다.

02 │ 친환경농산물을 선택한다.

03 │ 백설탕 · 백미 · 백밀가루를 먹지 않는다.

04 │ 견과류를 가려 먹는다.

05 | 커피 · 녹차 · 홍차 · 술 · 담배 같은 기호식품을 삼간다.

밥 대신 야채나 과일 샐러드로 허기를 채우고, 커피와 함께 달콤한 빵을 즐기는 형태의 채식은 사람을 병들게 한다. 건강한 채식은 친환경 현미잡곡밥을 주식으로 먹으면서 달고 부드러운 음식과 기호식품을 멀리하는 것이다. 또 견과류도 신중하게 먹어야 한다.

채식인은 동물성 단백질에 대한 보상으로 견과류에 지나치게 의존하는데, 여기에는 우리가 모르는 함정이 있다. 견과류에 영양이 풍부한 것은 사실이지만, 산패酸敗하면 오히려 건강에 해롭기 때문에 주의가 필요하다. 견과류가 두꺼운 껍질에 싸여 있는 이유는 산패의 독을 막기 위함이니, 견과류는 껍질째 구입하여 직접 껍질을 까서 먹어야 한다. 그리고 두꺼운 껍질이 있다 해도 자연 산패를 완전히 막을 수 없으므로 너무 많이 먹어서는 안 된다. 곡물>야채>과일>견과류··· 이것이 채식인에게 필요한 올바른 식사 비율이다.

임신부는 채식의 5원칙에서 3번을 주목해야 한다. 백설탕 · 백미 · 백밀가루 같은 정백精白식품을 피해야 하는 것이다. 육식을 해도 현미잡곡밥을 주식으로 먹는 사람은 정백식품을 탐닉하는 채식인보다 건강하니, 임신부에게는 완전 채식보다 정백식품을 피하는 것이 더 현실적이다. 여러 정백식품 가운데 설탕의 문제가 특히 심각하기에, 나는 설탕의 차단을 음식 태교의 네 번째 실천 사항으로 꼽는다.

산부인과 의사들은 임신부에게 비타민과 미네랄의 섭취를 강조한다. 비타민 중 엽산과, 미네랄 중 칼슘과 철분을 중시하여 영양제로 보충할 것을 강력히 권한다. 태아의 신경계에 큰 역할을 하는 엽산과, 골격계 형성의 주역인 칼슘, 순환계를 담당하는 철분이 임신부에게 중요한 것은 나도 인정하지만 영양제보다는 음식을 통해 보충하기를 바란다.

엽산 · 칼슘 · 철분을 음식으로 충분히 섭취할 수 있음에도 불구하고 의사들이 영양제까지 권하는 것은, 임신부에게 이 같은 영양소가 부족하면 큰 문제가 생기기 때문이다. 엽산이 부족하면 뇌와 척수에 결함이 있는 아기를 출산할 위험이 크고, 칼슘이 부족하면 뼈가 약한 아기를 조산할 뿐만 아니라 모성 사망의 30퍼센트나 차지하는 임신성 고혈압이 생길 가능성이 높아진다. 그리고 철분이 부족하면 소아 빈혈을 일으켜 학습과 행동 장애를 유발하니, 산부인과 의사들이 엽산 · 칼슘 · 철분 보충제를 적극 권할 만도 하다. 그러나 아내는 임신 중에 영양보충제를 먹지 않았다. 사실 먹을 필요조차 없었는데, 이는 내가 의사들이 간과한 문제를 직시한 까닭이다. 바로 설탕의 문제를 알았던 것이다.

물통에 구멍이 뚫려 물이 샐 때는 구멍을 막는 것이 우선이다. 그 구멍은 막지 않고 물만 부어서는 안 되는데, 이러한 일이 임신부한테서 벌어지고 있다. 엽산·칼슘·철분이 부족한 임신부를 두고 그 원인을 살피기보다 무턱대고 영양제만 쓰는 것이다. 비타민과 미네랄이 새는 구멍을 찾지 못하면 영양제를 먹어도 영양 결핍을 근본적으로 해결할 수 없다.

인체에서 영양이 새는 구멍은 설탕으로 인해 뚫린다. 당糖의 에너지 대사 과정에는 비타민과 미네랄이 필요한데, 음식에서 당을 섭취할 때는 음식 자체에 함유된 비타민과 미네랄을 사용하지만, 설탕은 비타민과 미네랄이 제거된 정백식품인 탓에 몸에서 영양소를 빼앗아가게 된다. 따라서 설탕을 섭취할수록 체내 영양소는 부족해진다.

여러 영양소 중에서 설탕으로 인해 가장 많이 새나가는 것은 '칼슘'이다. 설탕을 먹어 혈액이 산성화되면 우리 몸은 이것을 중화시키기 위해 알칼리 성분을 빼내는데, 여기에 사용되는 알칼리가 뼈의 칼슘이다. "설탕 많이 먹으면 뼈 녹는다"는 어른들의 말씀이 옳은 것이다.

요즘 사람들에게 골다공증이 많은 것은 설탕 탓에 뼈에서 칼슘이 빠져나가기 때문이므로, 설탕을 끊지 않으면 칼슘 영양제도 소용이 없다. 아울러 칼슘이 풍부다고 선호하는 우유도 설탕처럼 혈액을 산성화하여 체내 칼슘을 오히려 소모한다. 우유와 설탕 소비량이 높은 국가일수록 골다공증 환자가 많은 것은, 우유와 설탕을 끊어야 뼈가 튼튼해진다는 사실을 알려 준다.

임신부가 설탕을 끊으면 곡물·야채·과일만으로도 엽산·칼슘·철분을 보충할 수 있어 영양제에 의존할 필요가 없어진다. 만약 설탕을 마음껏 먹으면서 영양제로 이를 보충하겠다는 임신부가 있다면 생각을 바꾸기 바란다. 사람의 몸은 기계와 달라서 체내에 10의 영양소가 부족하다고 10의 영양소를 먹어서는 보충되지 않는다. 위장의 소화·흡수력이 나쁜 사람은 10의 영양소를 먹어도 1도 보충되기 어려우니, 영양제로는 효율적인 흡수를 기대할 수 없다. 설령 100퍼센트 흡수되는 영양제가 있다 해도 임신부는 설탕을 멀리해야 한다. 설탕의 부작용은 비타민과 미네랄의 손실에만 있지 않기 때문이다.

채식하는 여성이 임신을 하게 되면 고달프다. 가족들의 성화가 이만저만이 아니기 때문인데, 태아에게는 단백질이 필요하다며 육식을 권하는 것이다. 식물에도 단백질이 들어 있음을 모르기 때문이지만 가족들을 이해시키기란 쉽지 않다. 의료인조차 동물성 단백질에 얽매이는 탓이다.

몸에 필요한 단백질은 체내에서 합성되는 까닭에 우리가 음식을 통해 섭취해야 할 단백질은 총 열량의 6퍼센트에 불과한데, 채식으로 얻을 수 있는 단백질 양은 9퍼센트 이상이니 채식만으로도 단백질 공급이 가능하다. 따라서 식물보다 단백질 함유량이 높은 육류를 계속 먹을 경우 단백질 과잉으로 인한 혈액 산성화로 칼슘이 소모되는 문제가 발생한다. 그럼에도 불구하고 의사들이 동물성 단백질에 집착하는 것은 채식한 이후로 체력이 눈에 띄게 떨어졌다고 말하는 환자들이 많기 때문이다.

나는 환자들이 이 같은 호소를 해올 때마다 반드시 확인하는 것이 있다. 설탕을 좋아하는지 점검하는 것이다. "고기를 안 먹어서 그런지 몸에 힘이 없어요"라고 말하는 환자들은 공통적으로 설탕을 탐닉한다. 설탕이 단백질의 흡수를 방해하여 채식으로 얻는 9퍼센트의 단백질을 온전하게 이용할 수 없는 것이다.

1912년 한 과학자는 설탕과 단백질을 섞어 끓이면 서로 반응하여 단백질의 영양이 현저히 떨어진다는 사실을 발견하고 이를 마일라드 반응Maillard Reaction이라 명명하였다. 1951년에는 마일라드 반응에 의해 리신·아르기닌 같은 아미노산이 파괴되고 슬레오닌·히스티딘·메티오닌도 분해된다는 사실이 밝혀졌으니, 설탕을 탐닉하면서 채식만 하다가는 의사들의 우려대로 단백질 결핍을 초래하게 된다.

그렇다고 설탕을 끊지 않고 채식만 하면 단백질이 부족해진다는 말에 육식으로 보충하면 괜찮지 않을까 생각하는 것은 어리석다. 예를 들어 육식으로 단백질 10을 섭취한 뒤 설탕으로 5를 손해 본 것과, 설탕으로 인한 손실 없이 채식을 통해 단백질 5를 섭취한 것은 단백질 양에서는 같아도 질에서는 차이가 크다. 식물성 단백질의 영양 가치가 동물성 단백질보다 우수하기 때문이다.

명품을 만들 때는 물량이 부족해도 질이 나쁜 재료를 사용하지 않는 법이니, 단백질 보충을 양적으로만 생각하여 동물성 단백질에 의존하는 것은 명품 제작을 포기하는 것과 같다. 따라서 자신의 아이가 명품이 되기를 바라는 임신부라면, 임신부에게 단백질이 중요한 것은 사실이지만 육식을 하기보다는 설탕을 끊고 채식을 하는 것이 태아 건강에 좋다는 사실을 명심하자.

아내는 임신 중에 설탕을 철저히 금하였다. 주변 사람들은 임신 중의 채식을 우려했지만, 이는 한낮 기우에 불과하였다. 우리 지양이의 발육이 다른 아기들보다 빨랐던 것이다. 마일라드 반응으로 설탕에 의해 파괴되는 리신은 태아와 아기의 성장 발육에 필요한 아미노산이기에 설탕을 삼가는 것이 바람직하다. 단백질 보충을 명목으로 열심히 육류를 먹으면서도 정작 설탕의 단백질 파괴 사실을 모르는 임신부들이 안타깝다.

▲

육류 중심의 식생활과 음주 탓에 지방간 환자가 많아졌다. 지방간이 너무 흔해지다 보니 감기처럼 가볍게 여겨 치료하려는 이들이 드문데, 최근에 이 문제로 상담하러 온 환자가 있었다. 그는 20년 경력의 채식인으로 육식에서 비롯하는 질병이 어떻게 자신에게 생겼는지 모르겠다며 그 원인을 물었다. 이에 대한 나의 답변은 간단명료하였다. "설탕 때문입니다."

20년 동안 채식을 하며 술은 입에도 대지 않은 채식인이 지방간 환자라는 사실은 나로서는 그리 놀라운 일이 아니다. 그가 탐닉해 온 설탕이 지방간의 원인인 것을 알기 때문이다. 과잉 섭취한 설탕은 에너지로 쓰인 뒤 간에 저장되는데, 이때 글리코겐의 형태로 저장되지 못한 설탕은 중성지방으로 합성되니 이 중성지방이 지방간을 일으키는 것이다. 따라서 지방간의 원인은 육식과 음주뿐만이 아니다. 육식을 하지 않는 채식인이나 술을 마시지 않는 어린이도 설탕을 즐기면 지방간에 걸릴 수 있다.

지방간을 결코 가볍게 여기지 말자. 이것은 간경화를 거쳐 간암으로 악화될 수도 있고, 설탕에서 합성된 중성지방이 혈관에 침착하면 동맥경화를 가져와 심근경색을 일으킬 수도 있다. 설탕은 췌장 기능을 약화시켜 당뇨병을 유발하기도 하는데, 이처럼 설탕은 간과 심장, 췌장까지도 병들게 만드니 임신부가 설탕을 삼가야 하는 여러 이유 중 하나가 태아의 간 기능 보호에 있는 것이다.

요즘 황달 증상을 보이는 신생아가 많다. 파괴된 적혈구에서 나온 빌리루빈 색소가 간에서 걸러져 대변으로 배출되지 않고 몸에 남아 생기는 황달은, 신생아의 간 기능이 약하기 때문이다. 태어난지 하루에서 일주일 된 신생아의 황달 대부분은 저절로 치유되기에 의사들은 생리적 황달이라고 하지만, 음식 태교로 인해 태아의 간 기능이 좋으면 예방할 수 있는바, 신생아 황달은 생리 현상이 아니다. 특별한 치료 없이도 좋아지는 신생아 황달을 내가 경계하는 것은, 모유성 황달인지를 확인하려고 일시적으로 모유를 중단하는 과정에서 산모의 젖이 말라 모유 수유를 포기하게 되는 경우가 많기 때문이다.

설탕이 설탕을 부르는 악순환은 임신부가 설탕을 삼가야 끊어진다. 임신부가 설탕을 즐겨 먹으면 태아의 간 기능이 약해지고, 이로 인해 신생아 황달이 생겨 모유 대신 분유를 주게 되면 아기가 분유에 든 설탕을 섭취하게 되는 악순환이 되풀이된다.

모유는 밤중 수유를 멈추기가 힘들다. 전문가들은 밤중 수유를 서서히 줄이다가 끊으라고 하지만 모유를 먹여 본 어머니들은 이 조언이 얼마나 비현실적인지 공감한다. 자다가 배고프다고 울어 대는 아기를 어떻게 달랠 수 있단 말인가. 반면 분유는 밤중에 쉽게 수유를 막아 준다. 아기가 포만감을 느끼게 하여 밤새 배고프지 않게 만들기 때문이다. 분유에 든 설탕은 어머니의 잠자리를 편안하게 해준다. 그러나 설탕으로 인한 아기의 포만감은 바람직하지 않다. 위 운동이 멈추는 것이기 때문이다.

설탕물을 마시면 위의 수축 운동이 갑자기 약해진다는 사실이 일본 아리야마 교수의 당糖 반사 연구를 통해 밝혀졌다. 20퍼센트의 포도당액을 1분 동안 5밀리리터씩 3분간 투여한 결과 개인의 민감도 차이에 따라 3분에서 10분 동안 위장의 움직임이 느려졌고, 심한 사람의 경우 위장 활동이 5분간 완전히 멈추었다. 일찍이 한의학에서는 이러한 현상을 임상에 적용하여 위경련 환자에게 소건중탕小建中湯이라는 한약을 처방하였다. 소건중탕에 들어가는 이당 즉 조청이 위장 근육의 병적인 수축을 진정시키는 것이다. 횡격막이 위축되어 생기는 딸꾹질에 봉밀꿀을 먹이는 원리도 이와 마찬가지다.

그렇다고 설탕을 약으로 여기지 말자. 위하수와 위무력을 비롯한 모든 소화장애에 설탕은 독이다. 위장 활동을 방해하는데 소화에 도움이 될 리 있겠는가. 입에서 나는 구취 역시 설탕 탓이니, 설탕으로 인해 소화 속도가 느려지면서 음식의 악취가 풍겨 나오는 것이다. 따라서 평소에 구취가 있거나 소화력이 떨어지는 사람은 설탕을 삼가야 한다. 설태라 해서 혓바닥에 흰 물질이 두껍게 끼는 경우도 그러하다.

나는 위장병을 호소하는 임신부에게 소화제보다 설탕을 끊어야 한다고 말한다. 처녀 시절, 위하수와 위무력증으로 고생한 경험이 있는 임신부일수록 특히 그렇다. 설탕을 삼가 위장의 활동성을 높이고, 육류·유가공품과 같은 무거운 음식을 피하면 확실히 소화력이 좋아진다.

설탕이 소화력에 얼마나 큰 영향을 미치는지는 소아 환자를 보면 알 수 있다. 밥을 적게 먹는 아이들의 원인이 설탕에 있기 때문이다. 아이는 어른에 비해 위가 작아서 소량의 설탕에도 위 활동이 느려져 포만감을 쉬 느끼기 때문에, 설탕이 든 음식을 간식으로 먹게 되면 정작 식사 때는 밥을 먹지 않는다. 따라서 나는 밥 잘 먹게 하는 보약을 지어 달라는 부모에게 설탕부터 줄이게 하라고 당부한다. 굶주리던 과거와 달리 요즘 아이들의 소식은 보약에 의존할 정도로 소화기가 미숙해서 벌어지는 문제가 아니다. 오로지 설탕 탓이다. 설탕 때문에 밥을 먹지 않는 것인데 빵이나 과자라도 마음껏 먹으라며 설탕을 더 권하는 부모가 있으니 안타까운 노릇이다.

아이들의 설탕 탐닉을 통제하기란 쉽지 않다. 아이에게 스트레스를 주느니 차라리 설탕을 먹이겠다는 부모가 있을 정도이다. 설탕 중독이 이처럼 심각한 것은 분유의 책임이 크다. 태어나서 처음으로 경험하는 맛이 분유에 든 설탕의 달콤함이기 때문이다. 따라서 설탕 통제는 신생아 시절 모유 수유 때부터 시작해야 한다. 아니, 임신 중의 음식 태교로 태아 때부터 설탕과 멀리하도록 해야 한다. 그렇게 하지 않으면 설탕의 마수에서 벗어나기 어렵다.

▲

설탕의 해로움이 알려지면서 '설탕 무첨가' 분유가 인기이다. 그런데 이러한 분유에는 올리고당이 들어간다. 식품 가공에 사용되는 올리고당은 설탕이나 전분을 원료로 하여 인공적으로 만들어지므로 설탕과 다를 바 없다. 설령 천연 올리고당이라 해도 그것이 단맛을 가진 이상 아기에게는 적합하지 않으니, 과일에서 추출한 과당이나 보리싹으로 만든 엿기름도 마찬가지다.

아기가 먹는 음식은 결코 달콤해서는 안 된다. 이유식 때 과일을 가장 나중에 먹이는 것은, 너무 일찍 단맛을 알게 되면 '곡물의 담담한 맛'과 '야채의 씁쓸한 맛'을 싫어하게 되기 때문이다. 그러므로 아기에게는 그것이 인공이든 천연이든 단맛을 내는 감미료는 사용하지 말아야 한다.

모유의 맛은 담담하다. 담담한 맛에는 은근한 자연의 달콤함이 배어 있는데, 자극적인 맛에 익숙한 어른은 담담함을 싫어하지만 아기는 다르다. 신생아는 순수한 미각을 지닌 덕에 분유의 달콤함보다 모유의 고소함을 더 좋아한다.

그러나 신생아의 입에 분유가 들어가면 미각이 왜곡되기 시작한다. 순수한 미각에는 담담한 맛이 적합함에도 불구하고 감미甘味 부터 맛보게 되면 미각이 변한다. 담담한 맛을 싫어하게 된다. 이유식 시작 단계에서 쌀미음을 거부하는 아기가 그런 경우이니, 이는 쌀의 맛이 담담하기 때문이다. 담담한 맛을 거부하는 것은 건강상 큰 문제를 초래한다. 밥을 좋아하지 않게 되기 때문이다.

자연의 고소한 맛보다 자극적으로 달콤한 맛을 좋아하게 되어 밥 대신 빵·과자·청량음료를 더 즐기게 되는데, 이러한 경우 건강할 리 만무하다. 분유 수유로 인해 미각이 왜곡되어 담담한 맛을 멀리하면서 점점 인스턴트에 빠져들게 되고, 이로 인해 건강을 잃게 될 아기가 걱정된다면 반드시 모유 수유를 하기 바란다. 임신부의 음식 태교는 모유 수유를 위한 준비 과정이기도 하다.

분유는 어른에게도 맛있다. 분유를 간식으로 먹는 사람이 있을 정도인데, 온갖 자극에 길들여진 어른의 입맛에 맞는 음식을 아기에게 주는 것이 이상하지 않은가. 도대체 분유에 감미료가 들어가는 이유를 모르겠다. 만약 아기의 미각을 사로잡으려는 목적에서라면 그야말로 심각한 상술이다.

미국 필라델피아 아동병원은 분유를 먹은 아기가 비만으로 성장할 가능성이 높다는 연구 결과를 발표하였다. 분유의 어떤 성분이 비만을 일으키는지에 대한 구체적인 언급은 없지만, 설탕과 같은 감미료에 의해 아기의 미각이 변형되어 인스턴트에 대한 선호도가 높아지는 것이 원인임을 알 수 있다. 아울러 설탕에 의해 체내에서 형성된 중성지방은 피하皮下에 축적되므로, 설탕은 비만의 직접적 요인이 된다.

육류만 먹으며 살을 빼는 황제다이어트가 나름대로 효과가 있는 이유는 탄수화물의 섭취를 극도로 제한하기 때문이다. 그런데 여기서 우리가 명심해야 할 것이 있다. 탄수화물은 곧 설탕을 의미한다는 사실이다. 즉 황제다이어트에서 제한하는 탄수화물은 섬유질이 제거된 탄수화물 즉 정백식품이지 곡물 자체가 아니다.

따라서 밥을 먹으면 살이 찐다고 생각해서는 안 된다. 백미와 백밀가루처럼 도정된 곡물은 설탕과 마찬가지로 비만을 유발하지만, 현미와 통밀은 절대 그렇지 않다. 황제다이어트에서도 양념된 고기는 먹지 말라고 하는데, 이는 양념에 들어가는 설탕을 경계하는 것이다.

언젠가 탄수화물이 당뇨병의 주범이라는 언론 보도로 인해 농촌진흥청이 발끈한 적이 있었다. 그렇지 않아도 쌀 수요가 감소하는 마당에 밥을 먹으면 당뇨병이 생기는 것처럼 왜곡 보도되었기 때문이다. 그러나 이러한 해프닝도 앞의 황제다이어트처럼 탄수화물이라는 용어에 대한 오해에서 비롯된 것이니 '섬유질이 제거된 정백 탄수화물' 이라고 정확히 표현했더라면 좋았을 것이다.

현미와 통밀 같은 섬유질이 풍부한 탄수화물은 비만과 당뇨병을 유발하지 않는다. 앞으로 탄수화물에 대한 부정적인 정보를 접할 경우 '밥이 나쁘다' 라고 단순하게 생각하지 말자. 그것은 '백설탕과 백미, 백밀가루가 해롭다' 는 의미로 받아들이기 바란다.

임신부가 설탕을 삼가야 할 필요성은 비타민과 미네랄을 소모하고, 단백질의 영양가를 낮추며, 태아의 간 기능을 약화시키고, 신생아의 미각을 왜곡하는 것에만 있지 않다. 설탕의 차단은 순산을 위해서도 반드시 필요하다. 설탕의 중성지방으로 인한 비만은 임신부와 태아에게도 예외일 수 없으니, 태아의 과체중으로 이어지는 임신부의 비만은 난산을 초래한다.

임신 후 체중이 10킬로그램 이상 증가할 경우를 임신 비만이라 하는데, 의사들은 운동 부족을 원인으로 꼽지만 사실은 정백식품 탓이다. 임신부가 설탕이 들어간 음식이나 밀가루 식품을 좋아할 경우 임신 비만과 태아 과체중으로 인해 난산하게 된다. 따라서 순산을 위해 체중 증가를 10킬로그램 미만으로 유지하자. 이것이 출산의 공포와 고통에서 벗어나는 방법이다.

체중이 15킬로그램 이상 불어 난산이 우려되는 임신부에게 설탕을 좋아하는지 물어 보면 대부분 아니라고 한다. 그러나 나는 그 대답을 믿지 않는다. 설탕이 들어가는 음식이 얼마나 많은지 몰라서 하는 말이기 때문이다.

한 임신부의 예를 들어 보자. 나는 떡을 즐겨 먹는 그녀에게 임신 비만의 원인이 떡 때문이라고 하였다. 그랬더니 떡과 같은 건강식이 어찌 비만의 원인이 되느냐고 묻는다. "떡은 건강식이 아닙니다." 내가 떡에 대해 이처럼 단호하게 말하는 것은 그 안에 엄청난 양의 설탕이 들어가기 때문이다.

평소 설탕을 삼가온 우리 부부는 떡을 먹으면 속이 울렁거려 불편하다. 떡에 든 설탕이 위장 활동을 저하시키기 때문이다. 떡을 만들 때 쌀가루만큼의 설탕이 들어가는데, 설탕을 아주 조금 넣는다 해도 안심할 문제가 아니다. 쌀가루가 정백이면 설탕과 다를 바 없다. 따라서 설탕 없이 약간의 소금만 넣어 만든 현미가래떡을 임신부에게 권한다.

이처럼 가공식품에는 알게 모르게 설탕이 많이 들어간다. 건강식으로 인정받는 것조차 그렇다. 야채 효소, 매실 효소, 오미자 효소 등 자연생활을 추구하는 사람들이 약으로 삼는 이상의 것들도 설탕물에 불과하다. 아이가 효소 음료를 좋아한다고 기뻐하지 말라. 왜 아이들이 효소 음료를 즐기겠는가. 바로 설탕 때문이다. 효소 음료를 만들 때 재료의 반이 설탕이라는 것을 안다면 결코 건강식이라 여길 수 없을 것이다. 그것은 청량음료와 다를 바 없다.

단맛이 세상을 지배하고 있다. 설탕뿐만 아니라 사카린 · 아스파탐 · 시클라메이트 · 아세설팜 등의 합성감미료가 온갖 음식에 빠지지 않고 들어간다. 심지어는 치약에도 사카린이 첨가되어 있는 것을 보면 우리가 얼마만큼 달콤한 맛에 사로잡혀 있는지 알 수 있다.

조상들은 담담한 맛에서 자연의 달콤함을 느꼈지만, 요즘 사람들은 설탕과 합성감미료의 자극 없이는 단맛을 모른다. 담담한 맛에서 달콤함을 찾지 못하는 현대인의 혀야말로 미맹味盲 상태이니, 현대의 문명병은 이러한 미맹에서 비롯하는 것이다.

임신부가 단맛을 선호하는 것은 자연스럽다. 단맛이 자궁을 윤택하게 만들어 태아가 잘 자라도록 돕기 때문이다. 그래서 임신하면 단맛이 더 간절해지는데, 이것을 설탕으로 만족시켜서는 안 된다. 합성감미료는 말할 것도 없다. 아내는 임신 중에 천연감미료의 도움을 받았다. 그러나 조청 · 꿀 · 대추 · 감초 같은 천연감미료라 해도 아껴 먹어야 한다. 적당히 먹으면 몸이 윤택해지지만, 지나치게 되면 습담濕痰이 생겨 설탕처럼 임신 비만의 원인이 된다.

현미를 씹을 때 고소하면서도 달콤한 맛을 혀로 감지하는 임신부는 설탕으로부터 해방된 자유인이니, 순산은 말할 것도 없거니와 단단하고 야무진 아이를 낳는다. 그리고 아이도 설탕의 끈적임에서 자유롭다. 진정 임신부에게 도움을 주는 단맛은 설탕이 아니라 섬유질이 풍부한 곡물에서 나오는 자연의 고소함이다.

아내는 지양이를 출산할 때 가진통까지 포함하여 한 시간을 넘기지 않았다. 밤 12시 30분부터 시작된 가진통은 바로 본진통으로 이어졌고, 새벽 1시 20분경 조산원에 도착한 지 몇 분 안 되어 바로 출산하였다. 평균적으로 분만에 소요되는 시간이 7시간 30분인 것을 보면 아내의 출산 시간은 놀랍도록 짧았으니, 30년 경력의 조산원 원장조차 이렇게 순산한 임신부는 드물다고 말할 정도였다.

사람들은 아내가 복용한 달생산達生散 덕으로 여겼지만, 아내의 순산은 그 효과 이상이었다. 달생산은 난산을 예방하는 한약재로 이에 관한 논문을 보면, 달생산을 복용한 임신부의 평균 진통 시간은 4시간 20분으로 출산 시간을 세 시간 정도 앞당기는데, 아내의 경우는 달생산을 복용한 임신부와 비교해도 세 시간 이상 빠르니 그 외의 힘이 작용하였음을 알 수 있다. 그 힘은 음식 태교였다. 인스턴트를 끊고, 친환경농산물을 먹으며, 육식을 삼가고, 설탕을 멀리하는 음식 태교 덕에 아내는 출산의 고통에서 벗어날 수 있었다.

출산 경험이 없는 여성은 출산에 대해 막연한 공포를 갖는다. 그러나 출산은 그렇게 무서울 만큼 고통스럽지 않다. 조산원 분만실에서 아내의 출산 과정을 지켜보았던 나는 아내의 입에서 단 한마디의 비명소리도 듣지 못했다. 사실 비명소리를 낼 겨를도 없었다. 분만 베드에 눕자마자 아기가 쑥 나왔기 때문인데, 아프다는 소리는커녕 심호흡 몇 번 하더니 그것으로 끝이었다. 비명과 욕지걸이를 상상하던 나로서는 신선한 충격이었으니, 심한 고통을 동반한 출산은 자연스러운 모습이 아님을 알게 되었다.

우리 조상들은 출산의 고통이 적었다. 텔레비전 사극에서 보여 주는 산통의 무시무시한 절규는 고량진미를 먹고 활동량이 적은 양반집 여인의 모습일지는 몰라도 거친 음식을 먹으며 농사일을 하던 아낙네의 것은 아니다. 화장실에서 힘주다가 애가 나왔다는 이야기가 있을 정도로 조상들은 쉽게 출산하였으니, 이는 그들의 식생활 자체가 음식 태교의 내용 그대로였기 때문이다. 인스턴트 와 설탕은 존재하지 않았고, 고기는 구경도 할 수 없었으며, 곡물 과 야채는 곧 친환경농산물이었던 것이다. 과거에는 임신부의 굶 주림과 과잉 노동으로 인한 조산이나 저체중아 출산은 있어도 임 신 비만에 따른 태아 비대로 난산을 하는 경우는 극히 드물었다.

열 시간 이상의 진통으로 고생해 본 여성들은 한 시간 만에 출산 한 아내가 복이 많다고 하겠지만, 이는 저절로 얻어진 것이 아니 다. 임신 10개월 동안 식욕을 절제한 노력의 결과이다. 그러므로 누구나 음식 태교를 통해 출산의 고통에서 벗어날 수 있다. 음식 태교를 하면 임신부의 생명을 위협하는 난산을 예방할 수 있는데, 어찌 10개월 동안 식욕을 통제하지 못하겠는가. 이처럼 음식 태교 는 태아의 건강뿐만 아니라 임신부의 생명까지 지켜 준다.

고추의 매운맛은
태열과 아토피를 유발한다

동양학에서는 오행이라는 말을 빌어 세상 이치를 목화토금수木火土金水의 다섯 가지 관점에서 해석한다. 오행五行은 그 내용이 단순해 보여도 통찰력을 지닌 사람에게는 쓰임이 많다. 옛 학자들이 천문 · 지리 · 수리는 물론 관상 · 사주 · 풍수까지 통달할 수 있었던 것은 이것이 모두 같은 언어 즉 오행으로 쓰였기 때문이다.

한의학의 언어도 오행이다. 인간의 생리 · 병리 · 진단 · 치료를 오행으로 설명한다. 현대에 와서 한의학의 생리 · 병리가 양방 용어로 재해석되고 있지만, 한약과 침이 오행으로 정리된 이상 한의사에게는 오행의 언어가 중요하다.

나는 한방의 전통성 회복에 노력하는 한의사로서 오행에 뿌리를 둔 토울론±鬱論을 주장한다. 토울론은 오행에서 토±가 울체±鬱됨에 따라 목木과 화火의 기운이 성해지고木抗火旺, 금金과 수水의 기운이 약해진다金衰水枯는 내용이다. 내가 식이요법을 강조하는 것은 불량식품이 토울±鬱을 야기하기 때문인데, 먹지마 건강법의 이론적 근거가 바로 토울론이다.

현대의 질병 대부분이 식생활의 문란에 의한 토울에서 비롯한다. 예를 들어 간 질환과 갑상선 질환 등은 목항木抗이고, 심장병과 고혈압·중풍·자가면역 질환 등은 화왕火旺이며, 호흡기 질환과 알레르기·피부병·폐결핵 등은 금쇠金衰이고, 당뇨병과 생식기 질환·혈액 질환 등은 수고水枯이다. 질병의 종류가 수천·수만 개라 해도 오행으로 보면 다섯 범주에서 벗어나지 않으니, 토울론을 주장하는 내 시각에서는 모든 질병이 토울·목항·화왕·금쇠·수고에 속한다.

불임도 화왕·금쇠가 원인이다. 봄에 싹이 트는 것이 목木, 꽃이 피는 것이 화火, 가을에 열매를 맺는 것이 금金, 겨울에 씨앗으로 남는 것이 수水라 할 때 화왕·금쇠하여 계속 꽃만 피고 열매를 맺지 못하는 상태가 불임이다. 따라서 요즘 사람들의 불임은 과거 영양실조에 의한 것과 다르다. 굶주림으로 인한 자궁의 미숙이 과거

불임의 원인이라면, 요즘은 불량식품과 기름진 음식을 너무 많이 먹어 발병한다. 따라서 나는 불임 환자에게 보약을 처방하지 않는다. 토울 상태에서 보약까지 먹으면 설상가상이니, 식이요법으로 토울을 풀어 주면서 목항·화왕의 양기陽氣를 누르고 금쇠·수고의 음기陰氣를 북돋우면 임신이 된다.

화왕·금쇠한 여성은 임신을 해도 순산이 어렵다. 제왕절개를 하는 임신부가 이를 증명한다. 문명이 발달할수록 화기火氣가 성함에 따라 사회 전반적으로 금기金氣가 쇠하여 열 시간이 넘는 출산 시간을 자연스럽게 받아들이고 있으나, 임신부의 화기를 억제하면서 금기를 키우면 세 시간 이내의 순산이 가능하다. 비유하건대 나무에 매달린 열매의 꼭지를 날카로운 칼로 잘라주면 된다. 요즘 여성들이 출산의 고통을 느끼는 것은 열매를 쉽게 수확하는 데 필요한 칼金이 없기 때문이다. 칼을 사용하지 않고 열매가 저절로 떨어지기 바라니 어찌 난산을 피하겠는가.

당귀·대복피·자소엽·자감초·천궁·진피·황금·맥문동·지각·사인·생강·청총은 내가 임신 9개월의 아내에게 처방한 '달생산'에 들어가는 약재들이다. 순산을 도와주는 달생산은 한의사마다 처방 구성이 조금씩 다른데, 나는 토울론에 입각하여 만들었다. 진피·사인·자감초·생강·청총으로 토울을 풀면서 천궁·지각으로 목항을 누르고, 황금으로 화왕을 식히며, 대복피·자소엽·맥문동으로 금쇠를 돕고, 당귀로 수고를 보충하였다.

달생산에 인삼이 들어가는 경우도 있지만 인삼의 강한 열성熱性이 오히려 화왕을 야기하기에 나는 인삼을 넣지 않았다. 달생산은 축태음縮胎飮으로도 불린다. 태아를 야무지게 만든다는 뜻이다. 달생산의 축태 효과는 분만 직후 신생아를 보면 바로 알 수 있는데, 아기의 피부가 매끈하고 탄력이 있다. 딸아이 지양이 역시 그러하였다.

단단한 그릇을 만들려면 진흙부터 잘 다져야 하는 법이다. 달생산은 임신부의 순산을 도우면서 축태시켜 아기를 건강하게 만든다. 요즘 아이들이 체격만 크고 체력이 떨어지는 것은 야무지지 못해서다. 이는 성장만 강조하는 목화의 양기로 인한 부작용인데, 야무지고 단단하려면 절차탁마의 과정, 즉 금수의 음기가 필요하다.

나무는 잎과 열매를 모두 떨어트린 뒤 싹과 꽃을 피우는 반면, 요즘 사람들은 가을이 와도 잎 한 장, 열매 하나 잃으려고 하지 않는다. 이처럼 손해 보기 싫어하는 마음을 임신부가 지니면 난산을 하게 되니, 난산은 절제하지 않고 내키는 대로 생활한 결과이다.

달생산은 절제를 거부하는 임신부에게 일침을 가한다. 달생산의 열두 개의 약재 중에서 대복피가 그러한 역할을 하는데, 대복피는 금기金氣의 약재로서 태아를 야무지게 만드는 일등 공신이다. 즉 대복피는 열매 수확에 쓰이는 칼인 것이다. 나머지 약재들은 대복피의 칼날이 열매꼭지를 잘 자르도록 도울 뿐이므로 달생산은 대복피가 빠지면 무용지물이다.

그리고 대복피를 쓸 때는 술로 씻어야 하니, 이는 칼날의 날카로움을 유지하도록 기름칠을 해주는 격이다. 임신부가 음식 태교로 금기를 기르지 않으면 진짜 칼날을 만나게 된다. 산부인과 의사 손에 쥐어진 제왕절개용 메스 말이다. 그러므로 서슬퍼런 메스를 피하고 싶다면 금기의 칼날을 만들자. 대복피도 좋지만 음식 태교로 만들어진 금기가 있어야 달생산의 효과가 커진다.

화기가 금기를 이기는火克金 상극相克의 원리에 따라 임신부는 화기부터 다스려야 한다. 화기를 진정시키지 않는 한 금기를 보충해 봐야 소용없다. 빠르게 움직이는 현대 문명 탓에 사람들의 화기가 병리적으로 성해지는데, 임신부는 생리적으로도 화기가 뭉친다. 그래서 임신부의 기초 체온이 올라가니, 태아를 키우기 위해 임신부의 몸에 화기가 조성되는 것이다.

이는 밭이 따뜻해야 씨앗이 싹트는 것과 같은 이치이다. 동토凍土에서는 농사가 불가능하므로 임신부의 밭을 포근하게 만들기 위해 화기가 형성되지만, 이로 인해 밭이 지나치게 뜨거워지는 문제가 생길 수 있다. 뜨거운 밭은 농작물이 말라 버리기 때문에 해롭다. 과거에는 열熱 체질의 임신부에게 이런 일이 생겼으나 지금은 체질과 상관없이 벌어진다. 육류 · 유가공품 · 인스턴트 등의 음식이 화왕을 야기하기 때문이다.

임신부의 화왕은 단순한 문제가 아니다. 임신 중에 치성한 화기를 다스려야 하는 이유는 금기를 살려 순산을 유도하는 데에만 있지 않다. 습관성 유산과 조산이 화왕에서 비롯하는 까닭이다. 유산과 미숙아 출산은 밭이 너무 뜨거워 농작물이 말라 생긴다.

한의학에서는 이러한 경우를 태열胎熱에 의한 태동불안胎動不安이라 하여 황금을 약재로 쓴다. 유산을 예방하는 안태음安胎飮에 황금이 들어가는 이유가 여기에 있으니, 앞서 설명한 달생산에도 황금이 빠지지 않는다. 달생산의 대복피가 아무리 금기를 도와도 황금으로 화기를 진정시키지 않으면 순산의 효과를 높일 수 없다. 그러므로 안태음에서는 화왕을 식히는 황금이 으뜸이고, 달생산에서는 대복피 다음으로 중요하다.

유산과 조산을 염려하고 순산을 바라는 임신부에게 나는 음식 태교의 다섯 번째 실천 사항으로 매운맛^{辛味}을 경계하라고 한다. 특히 고추는 화왕을 야기하는 대표적인 음식이므로 인스턴트를 끊고, 친환경농산물을 먹으며, 육류와 유가공품의 섭취를 줄이고, 설탕을 삼가도 고추를 즐겨 먹으면 화왕을 피할 수 없다.

나는 식이요법을 중시하는 한의사로서 발효 음식에 관심이 많은데, 이에 대해 연구하면서 된장찌개 · 된장국 · 청국장 · 김치 같은 발효 음식을 자주 먹는 우리나라 사람들에게 왜 소화기 질환이 많은지 의문이 생겼다. 이러한 의문은 발효 음식의 요리 과정에서 풀렸는데, 된장찌개나 청국장을 끓일 때 고추를 듬뿍 넣고 김치를 담글 때 소금과 고춧가루를 아끼지 않는 요리법이 발효 음식의 효과를 감하는 것이다.

우리는 맵고 짜게 먹는 식습관으로 인해 발효 음식을 매일 먹음에도 불구하고 위암 발병률이 높다. 그러나 본래 우리 민족은 매운맛을 즐기지 않았다. 매운 음식의 주범인 고추가 우리나라에 전래된 것은 임진왜란 이후이고, 매운 음식을 탐닉하는 우리의 식습관은 19세기에 생겼다. 16세기 후반부터 재배된 고추가 19세기가 되어서야 비로소 우리의 입맛을 사로잡았던바, 고추가 우리나라를 대표하는 향신료가 되기까지 300년이나 걸린 데에는 특별한 이유가 있다.

고추에는 강한 독이 있다. 일본에서 처음 들어왔기 때문에 왜겨자라고도 불린다. 최근에는 이것을 재배하는 농가를 자주 볼 수 있게 되었다. 주막에서 소주와 함께 팔기도 하는데 고추를 먹고 목숨을 잃은 자가 적지 않다.

이처럼 1614년에 이수광이 편찬한 《지봉유설芝峰類說》에 그 이유가 있다. 1673년에 정부인 안동 장씨가 쓴 요리서인《음식지미방飮食知味方》에도 고추가 등장하지 않으니, 17세기까지만 해도 요리에 고추를 사용할 엄두조차 내지 못했다. 임진왜란 때 조선인을 독살할 목적으로 왜놈이 가져왔다는 소문이 날 정도로 독한 고추를 어찌 음식 재료로 쓸 수 있었겠는가. 이러한 고추가 18세기부터 김치에 첨가되고, 18세기 후반에 고추장이 만들어지면서 고추의 매운맛이 대중화되었다. 따라서 맵게 먹는 식습관의 역사는 200년에 불과하다.

독초를 음식으로 삼는 인간의 적응력은 참으로 놀랍다. 그러나 우리의 혀가 무감각해졌을 뿐이지 고추의 독성은 여전하다. 우리나라 국민 1인당 연간 고추 소비량이 2킬로그램으로 세계 최고인 현실에서 위암 발병률 역시 1등임을 가볍게 여기지 말자. 먹으면 급사急死하던 16세기와 달리 지금은 온 국민이 애호하는 음식 재료가 되었지만 위암 · 고혈압 · 당뇨와 같은 질환으로 생명을 위협하기는 지금도 마찬가지다. 따라서 화왕금쇠火旺金衰한 사람은 고추를 적게 먹어야 한다. 하물며 임신부는 어떻겠는가. 고춧가루 범벅의 시뻘건 음식만 찾는 임신부는 16세기 우리 조상들이 고추를 멀리한 까닭을 되새겨볼 일이다.

우리의 식탁은 붉다. 고추가 먹을거리의 중심을 차지하고 있다. 음식이 매울수록 식당 매출도 오른다 하여 매운 음식들이 인기 메뉴로 떠오르고 있다. 고추가 음식에 쓰인 지 불과 200년 만에 사람들의 미각을 이처럼 사로잡은 이유는 무엇일까. 그것은 설탕 때문이다. 요즘 사람들이 알게 모르게 많은 설탕을 먹다 보니 설탕으로 무력해진 위장을 움직이고자 고추의 매운 자극이 필요하게 된 것이다.

고추가 위장 활동을 촉진하다 보니 설탕에 중독된 사람의 무력한 위를 치료해 주는 셈인데, 단 음식을 먹고 속이 불편할 때 김치 생각이 간절해지는 이유가 여기에 있다. 따라서 요즘 사람들이 매운맛을 탐닉하는 것은 소화기가 무력할 정도로 설탕을 먹기 때문이다. 설탕의 단맛으로 이완되고 고추의 매운맛으로 수축되는 위장을 가진 사람은 설탕과 고추의 악순환에서 벗어날 수 없다. 설탕 탓에 늘어진 위장을 회복하고자 고추를 먹다가 너무 매워서 오그라든 위장을 다시 늘리려고 설탕을 찾는 악순환이 되풀이된다.

그런데 요즘은 이 같은 악순환을 배려한 요리법이 유행이다. 고추장과 설탕을 함께 섞는 것이다. 매콤한 맛을 내는 음식들이 그러한데, 요즘 사람들이 매콤한 음식을 좋아하는 것은 설탕과 고추의 악순환에 빠져 있다는 증거이다.

설탕과 고추의 밀월 관계는 견강부회가 아니다. 먹지마 건강법을 실천하여 설탕을 멀리한 환자들이 매운맛을 본능적으로 피하는 것만 보아도 알 수 있다. 이것은 한의학 이론으로도 설명된다. 설탕은 토울을 야기하는데, 이는 흙더미가 강을 막아 강물을 오염시키듯이 몸에 순환장애를 일으켜 담痰이라는 노폐물을 만든다. 기운이 통하는 양陽의 성질을 지닌 고추가 순환을 촉진하여 담을 없애니, 설탕을 탐닉하면 고추의 도움을 청할 수밖에 없다.

그런데 체내에 담을 형성하는 음식에는 술도 있다. 해장할 때 얼큰한 음식을 먹는 것은 매운맛이 주담酒痰을 풀어 주기 때문인데, 고추가 음식으로 처음 쓰인 곳이 주막이었던 이유도 여기에 있다.

따라서 술 권하는 문화 역시 우리의 식습관을 맵게 바꾸었다. 아이와 여성들은 설탕에 빠져 고추를 찾고, 남자 어른들은 술꾼이 되어 매운맛을 즐기는 현실이 우리의 식탁을 온통 붉게 만든 것이다.

▲

매운맛으로 설탕과 술의 부작용을 푼다고 고추를 약으로 여기지는 말자. 고추는 건강에서 득보다 실이 많은 음식이다. 나는 장 기능이 약한 환자에게 고추부터 금하게 한다. 장점막을 손상시키기 때문이다. 우리나라 사람들이 이질痢疾에 강한 이유가 고추로 장이 단련된 덕이라고 말하는 의료인도 있지만, 이는 고추가 이질균을 죽일 정도로 독하다는 증거일 뿐이므로, 병원균마저 죽이는 고추의 강한 자극이 장에 피해를 입히는 것은 당연하다.

　장 환자들은 매운 음식을 먹으면 몹시 괴로워한다. 장에 궤양이 있는 경우 혈변까지 본다. 그런데 고추 탓에 손상된 장점막의 문제는 복통·설사로 그치지 않는다. '새는장증후군Leaky Gut Syndrome'이라는 전신全身 증상을 유발한다. 이것은 병원성 세균과 독성 물질, 소화가 덜 된 음식 등이 손상된 장점막을 그대로 통과해서 몸 전체에 염증을 일으키는 질환인데, 강직성척추염·류머티즘성관절염·기관지염·천식·습진·건선·아토피·알레르기 등이 이와 관련이 있다.

따라서 고추는 배가 아프고 설사하는 사람만 멀리해야 하는 음식이 아니다. 새는장증후군과 관련된 질병의 환자들은 기본이고 피로, 면역력 저하, 기억력 감퇴, 신경과민, 불안, 심한 감정 기복, 만성 근육통, 만성 관절통, 원인 불명의 발열, 생식기와 비뇨기 염증 등을 가진 사람들 모두 고추의 매운맛을 경계해야 한다. 아울러 간과 신장 기능이 약한 사람도 고추를 피하는 것이 좋다. 손상된 장점막을 통과한 독소를 해독시키려고 간과 신장도 큰 부담을 받기 때문이다. 보통 간 질환자는 술을, 신장 질환자는 짠 음식을 조심하지만 고추도 함께 경계해야 한다.

오행으로 보아도 그렇다. 고추는 화왕한 음식으로 금쇠·수고·목항을 일으키므로, 맵게 먹을수록 목항에 속하는 간 질환과 수고에 해당하는 신장 질환이 악화된다. 그리고 화왕하여 생기는 전신 염증과 금쇠에서 비롯하는 아토피·천식·기관지염·비염 등의 알레르기도 심해진다.

대표적인 성인병인 고혈압과 당뇨에도 고추가 해롭다. 고혈압은 목항·화왕, 당뇨는 금쇠·수고의 만성 질환이기 때문인데, 이는 임상에서 바로 확인된다. 맵게 먹으면 혈압과 혈당이 오르는 것이다. 그러므로 고혈압 환자는 소금 이상으로 고추를 멀리해야 하고,

당뇨 환자는 단맛 못지않게 매운맛을 삼가야 한다. 고추의 해로움이 이럴진대 설탕과 술의 부작용을 다스린다고 어찌 약으로 삼겠는가. 설탕과 술을 금하여 고추를 먹을 만한 명분 자체를 없애자.

고추를 끊기란 현실적으로 불가능하다. 이미 고추가 대중 음식으로 자리 잡은 탓이다. 특히 김치는 고추에 면죄부를 주었는데, 우리나라의 대표 음식인 김치 덕에 고추가 건강한 먹을거리로 대중의 머릿속에 각인되어 버렸다. 그러나 현재 우리가 먹고 있는 시뻘건 김치는 전통의 모습이 아니다.

김치의 어원인 침채沈菜는 '국물에 절인 야채'라는 뜻으로 마늘·생강·산초·차조기 등의 재료에 소금으로 간을 하여 발효시킨 야채, 즉 고춧가루가 들어가지 않은 하얀 야채 절임이다. 사람들은 김치의 효능이 고추에서 비롯한다고 믿지만, 효능 면에서는 백김치가 고추김치보다 우수하다. 비만·지방간·고지혈증·고콜레스테롤을 억제하는 백김치의 효능이 고추김치보다 높다는 연구결과도 발표되었다. 따라서 이제 더 이상 고추를 김치의 보호 아래 두지 말자.

나는 임신부에게 백김치를 권한다. 백김치를 따로 담기가 번거롭다면 고추김치를 덜 맵게 만들라고 한다. 심지어는 김치를 물에 씻어 먹도록 당부한다. 이처럼 내가 별난 조언을 하는 것은 생리적으로 화왕한 임신부가 고추를 탐닉할 경우 양기가 병적으로 성해져서다. 그러나 임신부로 하여금 매운맛을 멀리하도록 하기가 쉽지 않다. 임신을 하면 본능적으로 매운맛을 찾게 되기 때문이다.

밭이 윤택해야 농작물이 잘 자라기 때문에 임신부의 몸에는 자연스럽게 습濕이 조성된다. 그런데 생리적인 습이 지나칠 경우 병적인 담痰으로 변하므로 이를 예방하려는 본능에서 거담 작용이 있는 매운맛이 간절해진다. 과거에는 이러한 현상이 습한 체질의 임신부에게만 나타났지만, 지금은 설탕 탓에 모든 임신부의 문제가 되었다. 고추에 의존하지 않으면 안 될 정도로 임신부의 몸이 습해진 것이다. 몸이 잘 붓거나 체중이 10킬로그램 이상 늘어난 임신부는 특히 그렇다.

임신 초기에 입덧으로 고생하는 임신부가 많다. 한방에서는 이를 오저惡阻라 하는데, 이는 비위脾胃가 습해서 생긴다. 임신부의 몸이 습해지는 것은 자연스러운 일로 가벼운 입덧은 병이라 할 수 없지만, 식사를 전혀 못하고 계속 토하는 입덧은 치료를 받아야 한다. 비위의 습이 담으로 변한 것이기 때문이다. 그래서 심한 입덧을 다스리는 한약인 보생탕保生湯은 습담濕痰을 제거하는 약재로 구성되는데, 백출 · 향부자 · 오약 · 진피 · 생강이 그것이다. 8자 형태로 기어다니면 입덧이 조금 가라앉는 것도 호보^{虎步} 자세가 비위의 습을 말리기 때문이다.

비위가 습해진 임신부는 울렁거리는 속을 가라앉히기 위해 매운맛을 찾게 된다. 그렇다고 고추를 탐닉하지 말자. 고추가 처음에는 습담을 신속히 제거하기는 하지만, 결국 화왕을 일으켜 태아에게 해롭기 때문이다.

임신부의 입덧에는 생강이 특효이므로, 고추에 의존하지 말고 생강을 약하게 차로 끓여 마시자. 다만 생강차를 만들 때 감초 · 대추 · 설탕 · 꿀처럼 단맛 나는 것이 들어가면 안 된다. 단맛이 오히려 습담을 조성하기 때문이다. 반면에 말린 귤껍질이나 대나무잎은 생강의 효능을 증폭시키니, 나는 입덧하는 임신부에게 '귤피^{橘皮} 생강차'나 '죽엽^{竹葉} 생강차'를 권한다.

임신 중에 고추를 즐기면 화왕해져서 습관성 유산이나 조산, 난산의 가능성이 있음은 앞에 설명하였다. 그런데 이러한 경고에도 매운맛을 멀리하는 임신부는 별로 없다. 맵게 먹어도 멀쩡하게 출산하는 임신부가 대부분이라며 안심한다. 물론 매운맛을 즐기는 임신부 모두에게 유산·조산·난산과 같은 극단적인 문제가 생기는 것은 아니다. 또 60퍼센트의 발병 가능성이 있어도 나머지 40퍼센트에 기대 안일해지는 것이 사람 심리이다. 하지만 태열胎熱과 아토피 문제에 이르면 생각이 달라질 것이다.

태열과 아토피의 원인을 알 수 없다고 하지만, 나는 이것을 임신부의 화왕에서 비롯하는 질병으로 여긴다. 영유아의 태열은 그 이름대로 태아가 열을 받아 생기니, 임신 중에 고추처럼 화왕을 조성하는 음식을 많이 먹은 탓이다. 태열은 생후 6개월이 되면 자연스럽게 소실되어 과거에는 치료 대상으로 여기지 않았으나 지금은 다르다. 아기에게 분유를 먹이거나 모유 수유를 하는 산모가 화왕을 조성하는 음식을 섭취함에 따라 생후 6개월이 지나도 태열이 식지 않고 아토피로 진행하는 것이다.

태열은 장점막이 미숙해서 생긴다. 모유나 분유의 단백질이 소화되지 않고 미숙한 장점막을 그대로 통과해 면역 과잉을 일으키는 것이 태열인데, 생후 6개월 즈음에 장점막이 성숙해지면 자연 치유된다. 문제는 생후 6개월이 지나도 장점막 상태가 부실한 경우이다. 모유보다 소화하기 힘든 분유를 먹는데다 무리하게 이유식까지 하면 음식 성분이 장점막을 투과해서 맹렬한 면역 반응을 일으키는데, 이것이 바로 아토피이다.

아토피의 근본 치료가 어려운 것은 장점막을 치료하는 약이 없기 때문이다. 장점막의 성숙은 자연스럽게 이루어지므로, 장점막에 해로운 음식을 차단하여 장 스스로 성숙하도록 도와야만 아토피가 다스려진다. 그러나 장점막이 후천적으로 성숙하는 데에는 한계가 있다. 어머니 뱃속에서 장 건강이 결정되기 때문이다.

아기 돼지 삼형제의 동화처럼 초가집 같은 약한 장을 가지고 태어나면 늑대 입김에 쉽게 날아가니, 아토피가 치유되어도 음식 관리를 못할 경우 바로 재발한다. 그러므로 장점막이 초가집 같아서 아토피로 고생하는 아이는 늑대의 입김으로 작용하는 불량식품을 평생 조심해야 한다.

임신부의 음식 태교는 아기의 장을 튼튼한 벽돌집으로 만들어 준다. 임신 중에 인스턴트·육류·유가공품·설탕·매운 음식을 즐겨 뱃속에 늑대 입김이 몰아치는 환경에서는 벽돌집을 지을 수 없다. 특히 매운맛은 벽돌집을 짓지 못하게 하는 늑대의 강력한 입김이므로 임신부가 고추를 피할수록 아기의 장은 건강해진다. 자식 얼굴에 작은 상처 하나가 생겨도 가슴 아픈 것이 부모인데, 아토피로 온몸에 진물이 나는 모습을 어떻게 보겠는가. 임신부가 10개월 동안 식욕을 절제하면 부모 가슴을 멍들게 하는 아토피를 예방할 수 있다.

화왕을 일으키는 매운맛은 고추만이 아니다. 마늘·생강·파·부추·달래·양파·후추·겨자·와사비·산초 등 임신부가 경계해야 할 매운맛은 고추 외에도 많다. 다만 매운 강도가 음식마다 다르므로 마늘·생강·파·양파처럼 요리할 때 열을 가하면 순해지는 양념은 임신부가 먹어도 괜찮지만, 고추·겨자·와사비·후추·산초처럼 자극이 강한 향신료는 멀리할수록 좋다. 아내는 임신 중에 자극이 강한 향신료는 일절 금했지만, 다소 매운맛의 양념은 요리해서 먹었다. 체질적으로 습한 아내가 거습의 효능이 있는 매운맛을 완전히 끊을 수 없었기 때문이다.

오신채를 익혀 먹으면 음란한 마음이 생기고
날로 먹으면 성내는 마음이 더해진다.

이 글은 불교 경전인 《능엄경》의 한 구절로, 스님들은 오신채五辛菜 즉 매운맛이 나는 다섯 가지 야채인 파·마늘·부추·달래·흥거를 먹지 않았다. 매운맛이 정신과 육체를 흥분시켜 수행을 방해하기 때문인데, 이는 요가·명상·단전호흡 등 깨달음을 추구하는 수행자는 누구나 공감한다.

성질 급한 우리의 민족성은 요리에 매운 양념이 빠지지 않는 식습관에서 비롯하므로, 선진국을 향한 성숙한 민족의식을 바란다면 자극이 강한 음식부터 순화해야겠다. 고추를 끊기도 쉽지 않은데 파·마늘까지 멀리한다는 것은 상상하기 힘든 일이다. 그렇다고 불가능한 일은 아니다. 절에서 고추·파·마늘이 들어가지 않은 김치를 맛 본 사람은 매운 양념과 향신료가 배제된 음식이 얼마나 담백하고 상쾌한지를 안다.

사람의 식습관은 대단해서 일단 담담한 맛에 익숙해지면 매운 음식을 절대 먹지 못한다. 서른 살 이전만 해도 맵고 짠 음식을 즐겨 먹었던 나도 먹지마 건강법을 실천하고부터는 매운맛이 저절로 싫어졌다. 맵게 먹으면 몸이 화왕해져서 눈이 시리고 아파와 본능적으로 피하게 된다. 고추와 같은 향신료의 차단에 성공한 임신부는 파·마늘 등의 매운 양념도 함께 절제해 보자. 맑은 영靈의 아이를 바란다면 말이다.

열성 과일은 유산과
조산의 원인이 된다

달콤한 맛으로 화왕火旺을 일으키는 음식이 있다. 열熱한 성질을 지닌 과일이 그것이다. 과일의 성질은 일반적으로 냉冷하지만 사과·살구·레몬·복숭아처럼 따뜻한 과일도 있는데, 성질이 따뜻하다고 임신부가 멀리할 필요는 없다. 그러나 열성熱性 과일은 다르다. 임신부에게 화왕을 일으켜 태아를 위협하기 때문이다.

임신부가 금해야 할 열성 과일로는 파인애플이 있다. 파인애플은 말레이시아에서 낙태를 목적으로 먹을 정도로 산성이 강해 먹다 보면 혀의 감각이 이상해지고, 심지어 입술에 피가 나기도 한다. 따라서 임신부는 파인애플을 먹으면 안 된다. 설령 유산을 면

한다 해도 파인애플로 인해 태아가 열을 받으면 장차 아이가 아토피와 같은 열성 질환에 걸리기 쉽다.

두리안도 마찬가지다. 우리에게는 낯선 두리안은 독특한 향과 맛을 지녀 열대과일의 제왕이라 하지만, 나는 두리안이 두렵다. 성질이 너무 열하기 때문이다. 외국에서는 두리안이 술안주로 금지되어 있다. 술로 인해 두리안의 열성이 증폭될 경우 치명적이기 때문이다. 실제 태국에서는 두리안을 먹고 사망하는 사람이 적지 않아서 두리안을 먹을 때 물을 많이 마시거나 성질이 찬 망고스틴을 함께 먹으라고 한다.

그런데 두리안은 이제 다른 나라의 문제가 아니다. 두리안의 수입량이 점차 늘어나고 있는 것이다. 과거에는 국내의 일부 미식가들만 먹었으나, 지금은 일반인도 쉽게 구할 수 있어 광범위한 부작용이 염려된다. 특히 임신부에게는 심각하다. 다행히 두리안의 냄새가 역겨워 임신 중 이 과일을 처음 접하는 사람은 비위가 상해 못 먹지만 처녀 시절에 이미 맛을 들인 임신부는 다르다. 두리안의 맛과 향에 일단 익숙해지면 임신 중에도 나쁜지 모르고 계속 먹게 된다.

몇 년 전의 일이다. 아토피로 내원한 아이가 있었는데, 아토피도 문제이거니와 아이의 심리 상태가 불안정해 그 어머니에게 임신 중에 어떤 음식을 즐겨 먹었는지를 물었다. 오랜 기간 동남아에서 생활한 그녀는 두리안을 자주 먹었다고 하였다. 당시 나는 두리안을 몰랐기에 아이의 아픔이 두리안 때문인 것 같다는 그녀의 말에 수긍하지 못했다. 그런데 나중에 그 과일의 성질이 극열極熱함을 알게 되면서 그녀의 추측이 옳았음을 깨달았다.

임신부의 무지는 자식에게 씻을 수 없는 고통을 준다. 따라서 모르는 음식은 무조건 피하자. 평소 먹지 않던 수입 과일은 더 그렇다. 요즘 푸룬이라는 서양 자두가 유행이다. 변비에 특효라 하여 많이 수입되고 있는데, 그 성질이 열熱해 보인다. 푸룬을 먹고 아토피가 심해진 환자들이 여럿 있기 때문이다. 푸룬의 열한 성질이 장 운동을 촉진해 변비를 다스리기는 하지만, 몸에 염증이 있는 사람에게는 바람직하지 않다. 이는 임신부도 마찬가지니, 낯선 수입 먹을거리에 현혹되지 말자.

▲

임신부에게는 파인애플·두리안·푸룬처럼 열한 과일뿐만 아니라 지나치게 찬 과일도 문제이다. 과일의 성질은 일반적으로 냉하지만 그 차가운 정도는 과일마다 다른데, 참외처럼 극한極寒의 성질을 지닌 과일은 임신부에게 좋지 않다. 임신을 하면 체내에 열이 조성되므로 화왕을 피하고자 자연스레 찬 과일을 즐기게 되는데, 너무 차가운 음식을 먹으면 태아에게 해롭다. 이는 밭이 뜨겁다고 얼음을 뿌려 농작물에 냉해를 입히는 것과 같다.

참외 · 수박 · 배 · 포도 · 귤 · 감 · 멜론 · 키위 등은 한냉寒冷한 과일이다. 포도 · 귤 · 감은 성질이 완만해서 임신부가 부담 없이 먹을 수 있지만 나머지 과일은 그렇지 않다. 멜론 · 키위 · 배는 평소 대변이 묽고 손발이 찬 임신부는 피하는 것이 좋다. 사람들이 즐겨 먹는 배를 멀리하라는 충고가 이상하겠지만, 허준은 《동의보감》에서 임신부가 금기해야 하는 과일로 배를 꼽았다. 배의 찬 성질을 염려한 것이다. 하물며 배보다 더 차가운 참외와 수박은 어떻겠는가.

나는 여름에 참외나 수박을 지나치게 먹고 설사하는 환자를 자주 본다. 참외와 수박이 장을 차갑게 하여 설사를 하는 것인데, 임신 중에 설사병은 단순한 문제가 아니다. 설사로 임신부의 몸이 하기下氣되면 태아가 위험해지기 때문이다. 임신 초기의 심한 설사는 유산을, 임신 후기에는 조산을 부른다. 내가 임신부의 여름나기에 신경 쓰는 것은 상한 음식이나 찬 과일 탓에 설사를 심하게 해서 유산이나 조산을 하게 될까 염려하기 때문이다.

다만 배는 몸에 열이 차서 목마를 때 갈증을 풀고, 수박은 한여름 무더울 때 열사병을 예방할 목적으로 임신부가 소량 먹어도 되지만, 참외는 아예 피해야 한다. 참외의 지나치게 찬 성질도 문제이지만, 장점막을 손상시키기 때문이다. "참외 집 아이 뱃속 편할 날 없다"는 옛 말대로 참외는 장에 큰 부담을 주니, 임신부에게 좋을 리 없다.

나는 참외로 인해 급성 장염에 걸린 환자들을 적지 않게 보았다. 심지어 설사병에 걸린 뒤로 몇 년 간 피부병으로 고생하는 환자도 있었다. 참외가 장점막을 손상시켜 면역과민반응을 일으킨 것이다. 이처럼 참외는 고추와 마찬가지로 장점막을 손상시킨다. 내가 참외뿐만 아니라 그 사촌격인 멜론마저 경계하는 이유가 여기에 있으므로, 임신부는 장차 아이의 장 건강을 생각하여 참외를 멀리해야 한다.

양인 체질의 임신부에게
인삼은 독이다

.
.
.

화왕火旺**한 임신부에게** 나는 세 가지, 즉 매운 음식을 좋아하는지, 열한 과일을 즐기는지, 그리고 인삼을 복용하는지를 확인한다. 인삼은 우리나라의 대표적인 한약재이지만, 국민 건강에 엄청난 부담을 주고 있다. 체질에 맞지 않으면 해롭기 때문이다. 문제는 자신의 체질을 바르게 아는 사람이 드물다는 점인데, 한의사도 어려운 체질 감별을 일반인이 임의로 하는 현실에서 인삼의 부작용이 심각하다.

인삼은 성질이 무척 열熱해서 체질상 양인陽人에게는 약이 아니라 독이다. 열성 질환을 가진 양인이 인삼을 계속 복용할 경우 병이 악화되는 것이다. 나는 환자에게 인삼을 처방하지 않는다. 인삼을 쓸 수 있는 음인^{陰人}으로 진단되어도 체질 감별의 오류를 염려하기 때문이다. 이 같은 인삼에 대한 나의 기우는 나로 하여금 한의원 약장에 인삼이 없는 전국 유일의 한의사로 만들었다.

인삼의 대중화는 항생제의 남용 못지않은 사회적 병폐이다. 수의사의 처방에서 벗어나 가축에게 마구 투여되는 항생제처럼 인삼도 한의사의 통제 없이 사용되고 있다. 인삼 다린 물을 식수로 마시고, 꿀에 절여 간식으로 삼으며, 요리 재료로 쓰는 데 그치지 않고 인삼을 넣은 술, 인삼을 먹인 가축, 인삼으로 코팅한 쌀 등 식품에 넣는 첨가물이 되어 버렸다.

인삼은 항생제보다 그 문제가 심각하다. 정부와 의료인, 환자 모두 남용의 부작용을 공감하는 항생제와 그 처지가 다르기 때문이다. 사람들이 체질에 맞지 않는 인삼이 얼마나 위험한지를 모를 뿐만 아니라, 오히려 국가와 기업에서 건강보조식품으로 권하고 있다. 그러나 인삼은 건강보조식품이 아니다. 성질이 너무 강해 한의사의 진단이 필요한 전문 약재이다. 그럼에도 불구하고 홍삼 만드는 기계가 가전제품으로 판매되어 인삼 냄새 풍기는 가정이 많아지고 있다.

인삼의 부작용을 없앤 것이 홍삼이지만, 화왕을 일으키는 점은 인삼과 다를 바 없다. 따라서 나는 양인에게는 홍삼도 금하게 한다. 설령 음인이라 해도 인삼과 홍삼을 마음대로 복용해서는 안 된다. 한의사가 인삼을 처방할 때는 다른 약재로 그 성질을 중화시키니, 인삼이 먹고 싶다면 한의원에 가자.

임의로 먹어도 괜찮더라는 식의 태도는 바람직하지 않다. 몸이 아파 감각이 둔해진 양인은 인삼에 대한 불쾌감을 느끼지 못한다. 따라서 복용 이후의 느낌으로 인삼을 먹는 것은 위험하다. 인삼과 홍삼을 먹고도 불편함을 모르는 양인들과 불쾌감을 느끼면서도 몸에 좋은 약이라며 억지로 복용하는 사람들을 자주 보는 나는, 인삼과 홍삼이 일반인이 마음대로 쓸 수 없는 약재임을 주장하며 인삼 대중화의 중단을 촉구한다.

조선 중기만 해도 인삼의 인기는 높지 않았다. 인삼이 주목받게 된 것은 선조 임금의 어의御醫인 양예수를 통해서이다. 그는 값비싼 중국산 대신 우리 약재를 사용하라는 선조의 어명에 따라 인삼을 많이 처방했는데, 그의 제자 허준에 이르러 인삼이 보편화되었다. 그러나 양예수와 함께 어의로 근무했던 안덕수는 성질이 강한 인삼을 지나치게 선호하는 양예수를 비판하였다. 그들의 대립은 유몽인의 《어우야담》에 다음과 같이 기록되어 있다.

> 양예수는 과감한 투약으로 효과를 빨리 보는 반면 사람 상하는 일이 많았지만,
> 안덕수는 효력이 느려도 사람 상하는 일이 없어 사람들 모두 그를 두둔하였다.

한의사의 치료 유형은 두 가지이다. 하나는 성질이 강한 약재로 빠른 효과를 노리는 '양예수 유형'이고, 다른 하나는 효과가 느려도 순한 약재로 치료하는 '안덕수 유형'이다. 나는 후자에 속하는데 열 명 중 아홉 명에게 효과가 있어도 한 명에게 문제가 있을 경우 10퍼센트의 부작용을 생각해서 처방하지 않는다. 그렇다 보니 나는 강한 약재를 일절 쓰지 않는다. 인삼과 숙지황처럼 한의사들이 애용하는 약재마저 멀리하는 이유가 여기에 있다. 극양極陽의 약성을 지닌 인삼은 화왕이 우려되어 금하고, 극음極陰의 약성을 지닌 숙지황은 토울이 걱정되어 피한다.

내가 인삼을 경계하는 것은 나의 소심한 성격 탓이 아니다. 인삼의 부작용으로 고생하는 환자들을 적잖이 보기 때문이다. 며칠 전에도 한 여성 환자를 만났는데, 유산한 뒤 몸조리를 위해 내원한 사람이었다. 유산한 이유를 물어 보니 산부인과에서는 원인을 알 수 없다고 한다기에 인삼 복용 여부를 확인해 보았다. 환자의 체질

이 양인으로 감별되었기 때문이다. 그녀의 답변은 예상대로였다. 임신 직전까지 인삼을 복용했던 것이다. 그렇지 않아도 뜨거운 밭에 인삼으로 불을 냈으니 농작물이 메마른 것은 당연하였다.

설령 음인이라도 임신 중에는 인삼이나 홍삼을 멀리하는 것이 좋다. 임신을 하면 체질과 상관없이 화기火氣가 모이는 까닭에 자칫 인삼과 홍삼으로 화왕해질 수 있기 때문이다. 임신부의 화왕이 얼마나 해로운지는 앞서 충분히 설명했으므로, 부디 인삼의 부작용을 가볍게 여기지 말자. 식품첨가물과 요리 재료로 인삼이 남용되다 보니 임신부는 가공식품과 요리집 음식에 인삼이 들어가는지를 반드시 확인해야 한다.

체질에만 맞추어 쓴다면 인삼만큼 효과적인 약도 없다. 그러나 체질 감별이 쉽지 않은 까닭에 인삼을 쓰기가 부담스러우니, 인삼을 쓰고 싶어하는 환자에게 나는 만삼蔓蔘을 처방한다. 인삼보다 효능이 떨어져도 안전하다는 점에서 만삼은 훌륭한 약이다. 인삼人蔘·만삼·단삼丹蔘·현삼玄蔘·고삼苦蔘·사삼沙蔘·해삼海蔘 등 '삼蔘'자가 들어가는 약재들은 효능이 우수하다. 특히 사삼과 해삼은 으뜸가는 임신부 보약으로, 옛 문헌을 보면 임신 보약으로 사삼과 해삼이 많이 등장한다.

따라서 임신부는 태아에게 부담을 주는 인삼과 홍삼을 고집하지 말고, 사삼과 해삼을 약으로 삼자. 나는 사삼을 많이 쓴다. 인삼이 부적합한 양인에게 주로 처방하는데, 음인이 복용해도 괜찮다. 사삼에는 보補하는 성질과 함께 소염消炎 작용이 있어서 염증 질환에 체질과 무관하게 사용할 수 있다. 사삼의 경우 염증을 악화시키는 일반 보약과 달리 소염 기능까지 하는 것은 그것이 금기金氣를 지닌 약재이기 때문이다.

사삼의 효능에 대해서는 "윤폐지해潤肺止咳 양위생진養胃生津" 즉 폐를 윤택하게 하여 기침을 가라앉히고 위장을 도와 진액을 만든다고 했다. 나의 관점에서 보면 금쇠수고金衰水枯를 다스린다는 의미이니, 모든 질병의 뿌리를 목항화왕木抗火旺과 금쇠수고로 보는 내가 사삼을 애용하는 것은 당연하겠다. 사삼이 임신부 보약으로 훌륭한 것은 임신하면 몸 상태가 목항화왕하면서 금쇠수고해지는 까닭이다.

임신부 보약은 일반 보약과 다르다. 사람들이 생각하는 보약은 일반적으로 양기陽氣를 북돋는데 이러한 보약을 임신부가 복용하면 목항화왕이 심해지니, 임신부에게는 음혈陰血을 보충해서 금쇠수고를 다스리는 약재가 보약이다. 이러한 이유로 나는 임신부에게 더덕을 권한다. 더덕의 성질이 사삼과 비슷하기 때문인데, 사삼을 더덕으로 오인할 정도 모양도 비슷하다. 약재로 유통되는 사삼보다 식품으로 판매되는 더덕이 구하기 쉬우므로 나는 더덕을 권하고 있다.

민간에서는 사삼을 잔대라고 부른다. 잔대의 약명이 사삼이니, 사삼을 복용하려는 임신부는 잔대를 반찬 삼아 먹자. 잎 부위는 나물로 무쳐 먹고, 뿌리는 더덕처럼 구워 먹으면 된다. 잔대는 여성을 위해 존재하는 약이라 해도 과언이 아니다. 임신부 보약이면서 온갖 여성 질환의 치료약이기 때문이다. 특히 산후풍 치료에 잔대만한 약이 없다. 한때 중국에서는 우리나라 잔대를 부인과 치료약으로 사용하려고 대량 수입을 시도한 적도 있다. 체질에 따라 부작용이 생기는 인삼 대신 안전하고 효능도 우수한 사삼을 우리나라 특산물로 삼았으면 하는 바람이다.

아내는 임신부 보약을 세 차례 먹었다. 임신 초기3개월와 중기6개월, 말기9개월에 복용했는데, 처방의 중심이 된 약재가 바로 해삼이다. 결혼 전에 동료 한의사로부터 해삼의 우수성에 대해 들었던 나는 아내의 임신 소식을 듣자마자 해삼을 구하였다. 내가 해삼을 임신 보약으로 처방한 것은 아내와 태아의 건강을 위해서였지만, 한편으로는 해삼의 효능을 확인해보고 싶었다.

해삼에 대해서는 "태중보익군약胎中補益君藥" 즉 태아 보약의 임금이라 할 만하다는 기록이 전할 정도로 효능이 우수하다. 인삼보다 훌륭한 사삼처럼 해삼은 녹용을 능가한다. 녹용과 인삼이 임신부에게 최고의 보약은 아닌 것이다. 사삼과 마찬가지로 목항화왕을 누르고 금쇠수고를 보충하지만 금기를 지닌 사삼과 달리 해삼은 수기水氣를 지닌다. 사삼이 금기를 통해 폐를 윤택하게 한다면 해삼은 수기로써 신장을 돕는바, 진액津液을 생성하는 사삼에 비해 해삼은 정혈精血을 만든다. 즉 농작물이 마르지 않도록 밭에 물을 뿌리는 것은 사삼이고, 잘 자라도록 거름을 주는 것은 해삼이다.

익정양혈益精養血 하는 해삼은 뼈를 튼튼하게 하고 혈액을 충실하게 한다. 그래서 해삼을 복용한 임신부의 아기는 강골强骨에다 빈혈도 없다. 동료 한의사에 따르면, 해삼 보약으로 태어난 아기의 뼈는 그렇지 않은 아기보다 굵다고 한다. 나도 같은 경험을 했는데, 임신한 아내의 초음파 진단 결과 태중 아기의 대퇴골이 남달리 튼튼했던 것이다. 태아의 혈액은 뼈에서 생성되므로 태아의 뼈 상태는 평생 건강을 좌우한다. 뼈가 튼튼함은 그만큼 건강하다는 뜻이니, 해삼에 대한 문헌과 동료 한의사의 평가가 틀리지 않았다.

그런데 해삼처럼 수기가 강한 약재는 설사를 유발할 수 있다. 임신부에게 설사가 얼마나 부담스러운지는 앞서 설명한바, 임신부에게는 해삼을 생물로 사용해서는 안 된다. 건해삼 즉 말린 해삼을 써야 한다. 번거롭더라도 해삼을 말려야 하는 이유가 여기에 있으니, 건해삼은 생물해삼의 부작용을 없앨 뿐만 아니라 영양도 풍부하다.

그러나 한의사가 해삼을 처방하기는 어렵다. 품질 좋은 해삼을 구하기도 어렵거니와 가격이 비싸고 건조하기도 힘든 탓이다. 아내는 울릉도가 고향인 장인어른 덕에 해삼을 복용할 수 있었다. 장모님과 함께 해삼을 정성껏 말려 주셨으니, 딸아이 지양이의 건강은 장인과 장모의 은혜라 하겠다.

건해삼은 사삼과 달라서 반찬 삼아 먹기가 힘들다. 그러므로 좋은 해삼을 구해 잘 말린 다음 한의원에 가져가서 임신부 보약으로 만들어달라고 하자. 임신부가 아니라도 좋다. 성장기 아이와 혈액이 부족한 여성에게 해삼은 녹용 버금가는 보약이다.

자식이 총명하기를 바라면 흑충을 먹어라.

《태교신기》에서는 해삼을 흑충이라 불렀다. 해삼을 먹으면 아이의 머리가 똑똑해진다 하니 임신부에게는 반가운 소식이다. 그런데 《태교신기》에서 권하는 음식은 해삼 외에도 잉어, 소의 콩팥, 보리, 마른 새우, 미역의 다섯 개가 더 있다.

자식이 단정하기를 바라면 잉어를 먹고
자식이 지혜롭고 힘이 있기를 바라면 소의 콩팥과 보리를 먹으며
해산에 이르러서는 마른 새우와 미역을 먹어라.

해삼 · 잉어 · 보리가 정말 아이를 총명하고 단정하며 지혜롭게 만드는지 알 수 없으나, 임신부와 태아에게 도움이 되는 것은 사실이다. 잉어는 임신 중에 몸이 심하게 부어서 생기는 유산을 예방하는바, 소종안태消腫安胎에서 잉어를 능가하는 약이 없을 정도로 효과적이다. 나의 어머니가 임신하셨을 때 할머니께서 지어 주신 잉어 보약을 드셨다는데, 사실 잉어에는 보약으로서의 성질보다 항진된 기능을 진정시키는 효능이 있다.

해삼과 잉어 모두 목항화왕과 금쇠수고를 다스리지만, 해삼은 금쇠수고의 보충 효능이 우수한 반면 잉어는 목항화왕의 억제 효능이 우수하다. 따라서 잉어는 달생산의 대복피처럼 태아의 기운을 정갈하게 해주니, 사주당 이씨가 《태교신기》에서 잉어와 관련

하여 단정端正이라 표현한 것도 이러한 까닭에서이다.

보리는 해삼과 잉어의 중간이다. 잉어보다 금쇠수고를 보충하는 효능이 우수하고, 해삼보다 목항화왕을 잘 누른다. 이에 해삼과 잉어를 구하기 어려운 임신부는 보리밥을 먹자. 성질이 찬 보리는 체질상 양인에게 적합하지만, 생리적으로 몸에 열이 조성되는 임신부에게는 체질과 상관없이 좋다.

인스턴트를 금하고, 육류와 유가공품의 섭취를 줄이며, 설탕을 멀리하고, 매운 음식과 열성 과일 그리고 열성 한약을 피하면서 보리밥에 잔대·더덕을 반찬 삼아 마른 새우가 들어가는 미역국을 먹는다면, 임신부와 태아 건강을 지켜주는 음식 태교로 완벽하다. 아울러 해삼이나 잉어를 보약으로 먹는다면 더할 나위 없겠다.

▲

한약재는 양성陽性·음성陰性·평성平性의 세 가지 성질로 나뉜다. 양성에는 따뜻한 성질溫性과 뜨거운 성질熱性, 음성에는 서늘한 성질冷性과 차가운 성질寒性이 속하는데, 임신부에게 사용하는 약재 대부분이 온성溫性·냉성冷性·평성平性에 해당한다. 예를 들어 달생산에 들어가는 당귀·천궁·진피·소엽·사인·자감초는 성질이 따뜻하고, 사삼·해삼·잉어는 서늘하다.

인삼과 같은 열성 약재의 부작용에 대해 이미 설명한 대로 뜨거운 성질의 약은 임신 중에 쓰지 않는다. 차가운 약재도 마찬가지인바, 서늘한 약재가 임신부의 목항화왕을 억제한다 해서 차가운 약재를 함부로 쓰다가는 오히려 태아에게 냉해冷害를 입힌다. 이는 임신부에게 참외·수박 등의 차가운 과일도 바람직하지 않은 것과 마찬가지다.

그러나 열성 약재와 달리 차가운 약재에는 예외가 있다. 달생산의 맥문동과 황금이 그러한데, 이들 약재는 성질이 차면서도 임신부 처방에 단골로 쓰인다. 따뜻한 약재들로 인해 자칫 목항화왕해지는 것을 막기 위함이다. 달생산에 들어가는 열두 개의 약재 중에 아홉 개는 따뜻하고, 한 개(지각)는 서늘하며, 나머지 두 개(맥문동·황금)는 차가운바, 아홉 개의 따뜻한 성질이 뭉쳐 뜨거워지는 것을 맥문동과 황금이 막는다. 그런데 이와 반대되는 작용도 함께 일어난다. 맥문동·황금·지각이 목항화왕을 억제하는 과정에서 생길 수 있는 냉해를 아홉 개의 따뜻한 약재들이 제어하는 것이다.

맥문동과 황금을 임신부에게 단방單方으로 쓰기는 부담스럽다. 차가운 성질을 제어해 줄 따뜻한 약재 없이 이것만 달여서 복용할 경우 태아가 차갑다며 놀랄 수 있다. 이처럼 한약에 들어가는 여러 약재는 서로 돕고 견제하면서 전체 약효를 극대화시키므로 약재를 효율적으로 구성할 줄 아는 한의사로부터 처방받아야 한다. 그리고 한약재가 건강보조식품으로 판매되고 있으므로 임신부가 선택하려는 건강보조식품의 성질이 너무 뜨겁거나 차가운 것은 아닌지 반드시 확인해야 한다.

건강보조식품 중에는 인삼과 홍삼처럼 뜨거워서 문제가 되는 것도 있지만, 너무 차가운 제품도 많다. 한방에서 노회蘆薈라고 부르는 알로에가 그 중 하나이다. 노회는 열성 변비를 다스리는 설사약인데, 열성 질환을 앓는 사람들이 많다 보니 찬 성질의 알로에가 건강보조식품으로 쓰이고 있다.

그러나 나는 환자에게 알로에를 권하지 않는다. 약성이 무척 차갑기 때문이다. 인삼의 부작용으로 뭉친 열독熱毒을 식힐 만큼 성질이 차가운 알로에는, 인삼의 해독이 시급한 환자라면 몰라도 일반인이 마음대로 먹을 수 있는 건강보조식품이 아니다. 임신부는 특히 그러하며, 문헌에도 알로에는 임신부 금기 약재로 기록되어 있다.

열독을 지닌 인삼과 한독寒毒을 가진 알로에가 남용되는 상황에서 임신부가 먹을 수 있는 건강보조식품은 드물다. 그 재료가 임신부에게 안전한지 불확실할 뿐만 아니라, 설령 안전하다 해도 생산 과정에서 오염될 가능성이 높다. 이에 임신부는 귀가 얇아서는 안 된다. 주위 사람들의 입소문과 허위 광고에 현혹되지 않는 것도 음식 태교의 하나이다.

묵은 밀가루의 열독은
풍을 일으키고 몸을 건조하게 한다

매운 음식과 열성 과일, 열성 약재는 임신부와 태아에게 목항화왕木抗火旺 과 금쇠수고金衰水枯 의 위협을 가한다. 그런데 임신부의 양열陽熱 을 억제하고 음액陰液 을 보충하려면 이 세 가지를 멀리하는 것으로는 부족하다. 우리 입맛을 지배하고 있는 밀가루 때문이다. 이에 음식 태교의 여덟 번째 실천 사항은 밀가루 음식을 절제하는 것이다.

야채고추, 과일파인애플·두리안, 약재인삼 뿐만 아니라 곡물 중에도 목항화왕과 금쇠수고를 야기하는 것이 있다. 밀가루가 그러하다. 밀 자체는 성질이 차갑지만 가루를 내면 따뜻해지는데, 이러한 밀가루는 오래 묵을수록 열독熱毒이 생긴다. 서양인이 밀가루를 주식으로 삼아도 괜찮은 것은 신선한 밀가루를 먹기 때문이다. 헬렌니어링과 같은 미국의 자연주의자들은 직접 빻은 밀가루로 빵을 만들어 먹는바, 이는 묵은 밀가루가 건강에 해롭다는 사실을 체득해서이다.

그런데 우리는 반대로 묵은 밀가루를 먹고 있다. 수입산 밀가루는 말할 것도 없고, 국내산 밀로 제분한 밀가루 역시 창고에 오래 보관되므로 나쁘다. 내가 음식 태교의 네 번째 경계 대상으로 설탕을 포함한 정백식품으로 밀가루를 함께 지적하고도, 여기서 다시 거론하는 것은 통밀가루는 괜찮다고 여기는 사람들이 있기 때문이다. 섬유질이 풍부한 밀가루도 신선하지 않으면 열독이 생긴다.

밀가루의 열독은 작은 문제가 아니다. 당뇨와 고혈압 같은 만성병의 원인이 되기도 하거니와 알레르기와 중풍을 일으킬 만큼 피해가 빠르다. 내가 밀가루를 두려워하게 된 데에는 특별한 이유가 있다. 요양시설에서 주로 중풍 환자들을 진료하던 시절에 밀가루 음식을 과식한 뒤 풍 맞은 환자들을 많이 보았던 것이다.《동의보감》에서도 밀가루가 열熱을 몰리게 하고, 풍風을 동하게 한다고 지적하고 있다. 한약 복용시 금기 식품으로 밀가루 음식을 꼽는 이유가 무엇이겠는가. 열독과 풍을 우려해서이다.

묵은 밀가루의 문제는 열독과 풍에 그치지 않는다. 이것은 체내의 진액을 소모시켜 몸을 건조하게 만든다. 밀가루 음식을 즐기는 사람이 물을 자주 마시는 까닭이 여기에 있는데, 물을 마신다고 밀가루로 인해 소모된 진액이 바로 보충되지는 않는다. 과잉 섭취한 수분으로 인해 오히려 소화력만 떨어질 뿐이다. 그래서 밀가루를 탐닉하면 몸이 붓는다. 겉으로는 부은 몸이 습濕해 보여도 실제 속은 조燥한바, 나는 부종 환자를 습병濕病으로 진단하지 않는다. 밀가루에 중독된 환자는 조병燥病으로 여겨 금쇠수고를 치료한다.

∧

쌀 소비가 급감할 정도로 밀가루를 즐기는 사람들이 많아졌다. 그러나 어느 누구도 묵은 밀가루의 심각성을 알지 못한다. 당뇨 · 고혈압 · 알레르기 · 중풍 환자의 급증과 밀가루 소비량의 증가가 서로 무관하지 않음을 고민하는 의료인도 드물다. 밀가루 음식을 금하여 몸의 부종을 다스리면 체중이 감량된다는 사실을 아는 비만 환자 또한 드물다.

열독으로 풍을 일으키고 몸을 건조하게 만드는 밀가루가 임신부에게 좋을 리 없다. 바람이 몰아치고 가뭄으로 갈라진 뜨거운 밭에서 어찌 농작물이 자라겠는가. 그렇다고 밀가루 음식을 끊을 임신부는 없다. 밀가루의 유혹이 그만큼 강한 것이다. 금면禁麵하려면 금연 · 금주보다 모진 절제력이 필요하다.

술 · 담배는 끊어도 밀가루 음식만은 꼭 먹어야 한다는 사람은 글루텐에 중독되어 있는 것이다. 글루텐은 밀가루에 함유된 단백질인데, 소화 과정에서 마약 성분으로 알려진 엑서르핀Exorphine을 만들어 밀가루의 수렁에 빠지도록 한다. 중독성이 있는 물질치고 건강한 것은 없다.

나는 글루텐을 알코올이나 니코틴보다 심각한 중독 물질로 여긴다. 중독 증상이 은밀히 나타나 중독된 사실조차 모르게 하기 때문이다. 그러나 우리 사회는 '밀가루 중독'이라는 단어 자체를 받아들이지 않는다.

밀가루의 글루텐은 장점막의 투과성을 증가시킨다. 투과성이 높아지면 장 내에 있던 유해 물질이 배설되지 않고 혈액 속으로 바로 유입되어 온갖 질병을 일으키니, 앞에 소개한 새는장증후군은 글루텐에 의해서도 생긴다. 글루텐이 독소를 혈액으로 투과시키는 현상은 해독을 웰빙의 으뜸으로 삼는 현대인에게 중요한 메시지이다. 밀가루를 끊어 글루텐의 부작용을 막지 않는 한 음식이나 운동, 약을 통한 해독은 무의미하다.

참된 웰빙에는 비용이 들지 않는다. 육류와 유가공품의 섭취를 줄이고 밀가루와 인스턴트를 금하면 스파·헬스·약처럼 비용이 들어가는 해독이 필요 없기 때문이다. 식욕의 절제 없이 소비를 통해 웰빙을 추구하는 사람은 돈만 낭비하는 것이다. 태교도 마찬가지다. 나는 태교를 소비 상품으로 취급하는 세태가 안타깝다. 뱃속 아이의 첫 교육을 돈으로 해결하지 말자. 값비싼 태교는 장차 엄청난 사교육비로 이어지기 마련이다. 이에 반해 절제 태교는 경제적이고 합리적이다.

밀가루 음식을 도저히 끊을 수 없다면, 밀가루가 들어가는 인스턴트만이라도 끊자. 그런데 이는 인스턴트를 모두 끊는 것이다. 밀가루가 들어가지 않은 인스턴트가 없기 때문이다. 밀가루를 기본 재료로 하는 인스턴트는 글루텐의 중독성을 이용하여 소비자의 입맛을 사로잡는다. 더욱이 인스턴트에 들어간 식품첨가물의 독소는 밖으로 배설되지 않고 글루텐에 의해 혈액으로 유입된다. 인스턴트의 기본 재료로 쓰이는 밀가루가 인스턴트의 유해성을 증폭시키는 것이다.

열한 성질을 지닌 곡물은 밀가루뿐만이 아니다. 기장도 그러하다. 기장을 오래 먹으면 열이 뭉쳐 가슴이 답답해진다고 경고한 문헌도 있다. 그러므로 임신부는 기장을 멀리하는 것이 좋다. 그리고 찹쌀도 임신부가 피해야 할 곡물 중 하나이다. 현미찹쌀을 건강식으로 여기는 사람은 내 말이 이상하겠지만, 사실 찹쌀은 장기간 먹기에는 부담스러운 곡물이다.

경락經絡을 막아 팔다리를 잘 쓰지 못하게 하고 풍風을 일으키며
기氣를 동하게 하여 정신을 흐리게 하므로 많이 먹어서는 안 된다.
오랫동안 먹으면 몸이 약해진다. 고양이나 개가 먹으면 다리가 굽어
잘 다니지 못하게 된다. 그리고 사람은 힘줄이 늘어진다.

《동의보감》의 이 글은 찹쌀의 부작용을 기록한 것이다. 일반인들은 찹쌀에 이러한 부작용이 있는지 모르지만, 한의사는 이 점을 유념해서 환자의 찹쌀 섭취를 제한한다. 물론 찹쌀이 도움이 되는 경우도 있다. 속이 냉해서 생기는 만성 설사와 소화장애를 다스리고, 기력을 회복시켜 수술을 하거나 중병을 앓고 난 환자의 회복식으로 사용된다. 그러나 찹쌀은 단기간 동안 먹어야 한다. 성질이 열한 까닭에 장기간 먹으면 오히려 해롭다.

소화에 편하다며 찹쌀을 선호하는 사람이 많은데, 소화가 빠른 것도 문제이다. 찹쌀을 먹으면 혈당이 바로 높아지는 이유가 여기

에 있으니, 입에 부드러운 음식은 건강에 바람직하지 않다. 찹쌀만 먹는 환자들은 갈수록 소화력이 떨어지는바, 이는 소화가 너무 잘 되는 찹쌀로 인해 위장이 무력해지는 탓이다. 따라서 나는 소화기가 약한 환자에게는 멥쌀을 권한다. 속이 편하다고 찹쌀을 먹다가 위장이 무력해지기보다는 멥쌀을 잘 씹어 먹는 것이 위장병을 근본적으로 다스릴 수 있어 좋다. 현미가 아무리 건강에 좋아도 그것이 찹쌀이면 백미와 다를 바 없다.

요즘은 발아현미가 유행이다. 현미보다 소화가 잘 되기 때문인데, 현미찹쌀처럼 건강에는 긍정적이지 않다. 발아현미는 음식이 아닌 약이다. 한방에서 곡아穀芽라고 부르는 소화제가 바로 발아현미인 것이다. 이러한 소화제를 밥으로 먹으면 오히려 위장이 무력해져서 건강에 해롭다.

　현미 외의 다른 곡물도 발아시키면 소식消食 작용을 하는 소화제가 되므로 발아된 곡물 자체를 밥으로 먹어서는 안 된다. 소화불량 때 잠시 복용하는 소화제로 여기자. 소식 작용은 임신부에게 좋지 않다. 그래서 옛 어른들은 태아가 삭는다 하여 임신부로 하여금 발아 곡물을 삼가도록 하였다.

맥아와 마늘은 태아를 삭힌다.

《태교신기》에서는 발아 곡물을 이와 같이 경계하고 있다. 맥아麥芽:엿기름는 싹 낸 보리인데, 발아현미인 곡아처럼 소화 작용이 너무 좋아서 임신부가 먹기에는 부담스럽다. 마늘을 거론한 것도 마늘의 강한 소식 작용 탓이다. 그러나 우리의 요리 특성상 마늘을 완전히 차단하기는 어려우므로, 요리에 소량 사용하는 맥아와 마늘은 괜찮다.

민간에서는 맥아를 엿기름이라 부른다. 나는 설탕 대신 이 엿기름을 권하는데, 이것은 멥쌀과 맥아를 함께 끓여서 만든 엿물 즉 조청이다. 맥아를 염려하는 임신부도 조청은 안심하고 먹을 수 있는데, 조청에는 엿기름이 적게 들어가기 때문이다. 약간의 엿기름이 문제라 해도 설탕보다는 바람직한바, 아내는 임신 중에 설탕 대신 조청을 사용하였다.

메밀과 율무는 태아를 떨어뜨린다.

열한 성질을 지닌 밀가루 · 기장 · 찹쌀 외에도 임신부에게 부담이 되는 곡물이 있다. 《태교신기》에서 언급한 메밀과 율무는 비록 그 성질이 차지만 임신부가 먹을 곡물이 아니다. 메밀은 오래 먹을 경우 풍風이 동한다며 《동의보감》에서도 경계했는데, 임신 중에 메밀이 부적합한 것은 기운을 아래로 내리는 성질이 강해서이다. 1년 이상 쌓인 체기滯氣도 메밀을 먹으면 내려간다는 말이 있을 정도로 메밀의 하기下氣 작용은 강력하다. 그래서 《태교신기》에서 메밀에 대해 타태墮胎라는 용어를 쓴 것이다.

임신부에게 율무가 나쁜 것은 상식이다. 하기 작용이 강한 메밀과 비교할 때 율무는 제습除濕 작용이 탁월하니, 메밀이 몸에 열이 뭉쳐서 생긴 변비에 좋다면 율무는 몸이 습해서 생기는 설사에 효과적이다. 그러나 율무의 제습 작용은 콜레스테롤과 지방, 단백질의 분해를 의미하므로 임신 중에 소태消胎가 염려된다. 율무처럼 지방 분해가 우수해서 다이어트 식품으로 주목받는 음식은 모두 태아에게는 좋지 않다.

짠 음식을 즐길수록
아이의 수명은 줄어든다

우리나라 사람들은 너무 짜게 먹는다. 과다한 소금이 해로운 줄 알면서도 바꾸지 못하는 것은 세대를 걸쳐 내려온 잘못된 식습관 때문인데, 자신이 짜게 먹는지조차 모르는 사람이 대부분이다. 고혈압 같은 성인병이 가족력을 보이는 것은 유전 문제가 아니라 짜고 맵게 먹는 집안 전체의 식습관 탓이다. 그러므로 성인병을 대물림하지 않으려면 집안의 입맛부터 싱겁고 담담하게 바꿔야 한다.

　우리나라에 짭짤한 입맛을 지닌 집안이 많은 것은 옛 어른들이 음식 보관을 목적으로 소금을 많이 사용했기 때문이다. 그리고 생채식生菜食을 주로 했던 옛 사람들에게는 생야채의 수독水毒을 풀어 주는 소금이 반드시 필요하였다.

짠맛鹹味에는 연견軟堅 작용이 있다. 연견이란 단단한 것을 부드럽게 만든다는 뜻인데, 소금이 수독을 해독하는 것은 이러한 연견 작용에서 비롯한다. 오행五行에서 수水는 기운을 뭉치게 하는바, 소금의 연견작용이 수독의 뭉친 기운을 헤쳐 버리는 것이다. 바닷물이 짠 이유가 여기에 있으니, 바다에 담긴 엄청난 수기水氣가 소금의 제어를 받기 때문이다. 만약 바다의 수기를 소금의 연견작용으로 통제하지 못하면 바다에 생명체가 살지 못한다.

이처럼 소금은 수독을 다스리는 고마운 존재이지만, 지나치면 그 자체가 독이 된다. 겨울에 제설용으로 뿌린 소금이 가로수를 죽이듯이 말이다. 소금의 과잉 섭취는 수고水枯를 일으킨다. 소금에 절인 배춧잎 마냥 사람의 정精을 소진시켜 마르게 한다. 사람들은 고혈압의 경우에만 소금을 멀리하면 된다고 생각하나, 금쇠수고金衰水枯를 현대병의 근원으로 삼는 나에게는 소금이 고추와 설탕 다음으로 무서운 존재이다. 그래서 나는 음식 태교의 아홉 번째 실천 사항으로 소금을 제한하도록 한다.

금쇠수고에서 고추의 매운맛은 금쇠, 소금의 짠맛은 수고를 야기한다.

그런데 금金과 수水는 오행상 모자 관계이므로 금쇠하면 수고해지고 수고하면 금쇠해지는바, 금쇠수고에서 완전히 벗어나려면 매운 맛과 짠맛을 함께 삼가야 한다. 소금은 아끼지 않고 고추만 금하거나, 고추는 듬뿍 쓰면서 소금만 멀리하면 금쇠수고의 질병을 완치할 수 없다. 진액津液이 마르면金衰 정精이 고갈水枯하고, 정이 고갈하면 진액 역시 마르기 때문이다. 다만 소금은 고추와 달리 수독을 풀어 주는 까닭에 완전히 끊는 것은 위험하다. 이에 나는 임신부에게 저염식을 권한다.

과잉 섭취된 소금으로 정이 소모되는 문제는 심각하다. 생명 유지에 필요한 기본 물질이 바로 정이기 때문이다. 사람의 정은 부모가 주는 선천지정先天之精과 음식을 통해 만들어지는 후천지정後天之精의 두 가지로 나뉜다. 음식으로 보충할 수 있는 후천지정과 달리 선천지정은 타고나는 양量이 정해져 있는 까닭에 후천적인 노력으로 채워지지 않는다. 따라서 부모에게서 물려받은 선천지정은 아껴야 하니, 사람의 수명이 여기서 결정된다. 선천지정을 아끼면 수명이 길어지고, 낭비하면 짧아지는 것이다.

한의학에서 수음手淫과 침 뱉는 버릇을 경계하는 것은 선천지정을 아껴 장수하려는 목적인데, 짠 음식을 절제하는 것 역시 마찬가지다. 짠맛을 즐길수록 선천지정이 빠르게 소모되어 단명하는바,

천수天壽를 누리기 위해서는 싱겁게 먹어야 한다.

선천지정은 후손에게도 대물림된다. 현대 의학에서 말하는 유전자가 선천지정의 개념에 포함되니, 후손을 결정한다는 의미에서 선천지정은 생식지정生殖之精으로도 불린다. 남자의 정자와 여자의 난자가 이러한 생식지정이다. 선천지정을 잘 지킨 남자와 여자가 만나 잉태한 아이는 풍족한 정을 가지고 태어난다. 그러므로 아이의 장수를 바라는 부모는 선천지정을 아껴야 할 것이다. 성생활이 문란하고 짠 음식을 함부로 즐기면 부모의 선천지정이 소모되어 아이에게 빈약한 정을 물려줌으로써 수명이 짧아진다.

불임 환자가 늘어나는 요즘 한방 치료로 임신한 부부가 많지만, 꾸준한 치료에도 좋은 소식이 없는 환자들 역시 적지 않다. 그런데 이들을 진료해 보면 선천지정이 부족한 경우가 대부분이다. 후천적인 약재로는 선천지정을 보충하기가 어려운 까닭에 한약의 효과를 보지 못하는 것이다. 이럴 때 나는 한약 처방과 함께 인공수정이나 시험관아기 같은 양방 시술을 권한다. 선천지정은 한약으로도 보충하기가 쉽지 않기 때문이다.

충전이 힘든 배터리와 같은 선천지정을 두고 예로부터 한의학에서는 방전 속도를 늦추는 방법들을 강조하였다. 그러나 요즘 사람들은 오히려 방전을 서두르고 있다. 성 개방이 그렇고, 과로와 스트레스가 그렇다. 소금의 남용도 마찬가지다. 그런데 짠맛을 싫어한다는 사람도 자신도 모르게 엄청난 양의 소금을 먹게 된다. 인스턴트 때문이다.

인스턴트에는 보이지 않는 소금 즉 나트륨이 다량 함유되어 있다. 예를 들어 라면에는 세계보건기구가 제시한 1일 섭취 상한치인 1,968밀리그램을 초과하는 나트륨이 들어간다. 업계에서는 국내 기준치인 3,500밀리그램보다 낮다고 하지만, 여기에는 세 가지 문제가 있다. 하나는 국내 기준치가 너무 높다는 것이고, 다른 하나는 라면 외에 다른 음식에 함유된 소금도 함께 먹는다는 것이며, 나머지 하나는 그 기준치가 성인을 대상으로 한다는 것이다.

인스턴트의 주소비층이 어린이임을 감안한다면 나트륨 문제는 더 심각해진다. 요즘 아이들은 그 양을 측정하기가 무서울 만큼의 많은 나트륨을 먹는 탓에 평생 아껴야 할 선천지정을 어린 나이에 방전시키고 있으니, 고혈압·당뇨·지방간·동맥경화 같은 성인병이 아이들에게도 발병할 정도이다. 하물며 태아는 어떻겠는가. 이에 임신부는 인스턴트를 완전히 끊고 저염식을 해야 한다. 소금으로부터 태아의 선천지정을 지키는 것보다 임신부에게 중요한 일은 없다. 자식이 방전된 배터리처럼 되기를 바라지 않는다면 임신 중 소금 섭취를 줄이자.

요즘 사람들은 화식火食을 하면서도 옛 사람들처럼 짜게 먹는다. 전통 요리에 소금이 적잖이 사용되었던 것은 생채生菜의 수독水毒을 제거하기 위함이었는데, 생식을 멀리하는 요즘 사람들이 옛 사람의 입맛대로 먹고 있으니 과거에 드물던 병을 앓는 것이다. 소금을 뿌리는 요리 습관에는 변함이 없지만 생식에서 화식으로, 자연식에서 가공식으로 식문화가 변한 탓에 이제는 전통 요리라고 무조건 건강식이 아니다. 김치와 된장도 너무 짜면 건강에 해롭다.

언젠가 일본인 환자에게 된장을 권한 적이 있었는데, 그 환자는 한국 된장이 너무 짜다며 낫도를 대신 먹겠다고 하는 것이었다. 그 뒤로 나는 된장보다 청국장을 주목하게 되었다. 일본 환자의 우려에 공감한 것이다. 싱겁게 먹기로 소문난 나의 미각에 된장은 짜서 부담스럽다. 그래서 나는 짠맛이 덜한 된장을 고르니, 우리 집 된장은 맛이 부드럽고 순하다. 이처럼 우리 고유의 음식일수록 소금을 아껴야 하는바, 소금을 많이 사용하던 전통 요리법을 순화하여 외국인도 즐길 수 있는 건강식으로 만들자.

전국의 한방 병원을 살펴보면 흥미로운 점을 발견하게 되는데, 짜고 맵게 먹는 풍습이 있는 지역의 병원에 환자가 많은 것이다. 한방 병원의 진료 대상이 주로 중풍 환자임을 볼 때, 이는 고혈압과 중풍이 지역적 식습관의 특성에 따르는 질병임을 의미한다. 인스턴트의 탐닉도가 낮은 노인들에게 나타나는 중풍의 지역색은 그 지역의 입맛, 즉 요리할 때 소금을 얼마나 사용하는지로 결정된다. 따라서 매일 된장찌개와 김치, 나물 등 자연식만 먹어도 짜게 요리한다면 고혈압과 중풍을 피할 길이 없다.

짠맛에 길들여진 입맛을 바꾸고, 인스턴트에 함유된 나트륨을 피하기도 바쁜 마당에 약으로 둔갑한 소금이 인기이니, 죽염이 그것이다. 나는 죽염을 약으로 이용하는 것에 부정적이다. 염증을 다스리기 위해 외용약으로 사용한다면 몰라도 내복약으로는 먹지 않았으면 한다. 장기간 복용할 경우 짠맛 자체가 부담이 되기 때문이다. 대나무에 넣어 아홉 번을 구워도 소금의 연견작용에는 변함이 없다.

임신부에게 커피 한 잔은
술 한 잔, 담배 한 모금과 같다

나는 망진을 한다. 환자의 얼굴을 보고 병을 진단하는 것이다. 망진望診 할 때는 눈부터 보는데, 약물에 의존하는 환자의 경우 흰 눈동자에 특이한 점이 나타난다. 약물을 장기간 복용한 사람은 눈의 기색氣色이 바뀌니, 한의학에서는 이를 무신無神이라 부른다. 그런데 양약을 복용하지 않아도 무신한 사람이 있다. 이러한 사람들에게 나는 이렇게 묻는다. "커피 좋아하세요?"

커피의 카페인도 사람을 무신하게 만든다. 그래서 나는 커피를 약으로 생각한다. 마음대로 먹어도 되는 음료가 아니라 필요할 때 잠시 복용하는 약인 것이다. 카페인이 향정신성 의약품처럼 사람을 중독시켜 무신하게 만듦에도 불구하고 음료로 방치되고 있다. 물론 카페인을 마약의 범주에 포함할 수는 없지만, 건강에 미치는 악영향이 적지 않으므로 마약처럼 삼가는 마음을 가져야 한다.

내가 카페인을 경계하는 것은 목항화왕木抗火旺과 금쇠수고金衰水枯를 일으키는 약물이기 때문이다. 카페인의 각성 작용은 목항화왕을, 이뇨 작용은 금쇠수고를 일으키는바, 심장이 마구 뛰며 흥분됨은 목항화왕의 부작용이고, 기관지가 건조해지면서 근력이 약해짐은 금쇠수고의 피해이다. 뒷목이 자주 경직되고 어깨가 아픈 환자들을 보면 커피를 탐닉하고 있으니, 이는 몸의 진액津液을 말리는 카페인 탓이다. 이처럼 목항화왕·금쇠수고를 부르는 카페인이 임신부에게 좋을 리 없다. 따라서 나는 음식 태교의 열 번째 실천 사항으로 카페인의 차단을 꼽는다.

카페인의 해로움을 누구나 알기에 커피를 마시는 임신부가 없으리라 믿지만, 중독성이 워낙 강하다 보니 적잖이 염려가 된다. 커피 한 잔쯤은 괜찮다고 여기는 임신부가 있다면 생각을 고치기 바란다. 카페인은 유산의 원인 물질 중 하나이다. 따라서 임신부에게 커피 한 잔은 술 한 잔, 담배 한 모금과 같다.

그런데 카페인은 커피에만 있는 것이 아니다. 녹차·홍차·코코아·초콜릿은 기본이고 청량음료·건강보조식품에도 들어간다.

이처럼 가공식품에 첨가되는 카페인을 무심코 먹게 되므로 임신부는 인스턴트 자체를 멀리해야 한다. 인스턴트는 각종 첨가물과 설탕, 글루텐에 그치지 않고 카페인까지 첨가되어 소비자를 중독시킨다. 건강 음료로 위장한 드링크와 건강보조식품도 마찬가지다. 아기가 커피를 마시면 안 된다는 것은 알면서 태아의 카페인 섭취는 묵인하고 있는 것이 인스턴트에 빠져 있는 현대인의 모순된 모습이다.

한의학의 해독법은 두 가지로 나뉜다. 하나는 간과 소장의 해독 기능을 활성화하는 방법이고, 다른 하나는 한汗 · 토吐 · 하下의 삼법三法 즉 체내의 독소를 땀 · 구토 · 소변 · 대변으로 배출하는 방법이다. 나는 해독에 시간이 걸려도 환자에게 부담이 없는 전자의 방법을 사용하는데, 후자의 경우 해독 효과는 신속하지만 환자의 체력 소모가 커서 삼간다. 땀 · 구토 · 소변 · 대변으로 배출되는 것은 독소뿐만이 아니다. 영양소와 진액도 함께 나간다. 따라서 한토하 삼법은 환자의 체력에 맞춰 단기간에 해야지, 오래 하면 금쇄수고의 부작용이 생긴다.

　삼법 중에서 토吐를 제외한 한汗과 하下는 지금도 사용된다. 카페인은 소변으로 독소를 제거하는 하법下法의 약물인바, 커피를 약 삼아 마시는 사람이 많은 이유가 여기에 있다. 그렇다고 커피를 약 으로 마셔서는 안 된다. 커피에 들어가는 프림 · 설탕 · 첨가물 등 이 건강에 나쁘기 때문이다. 이는 홍차 · 코코아 · 초콜릿 역시 마 찬가지다.

　녹차의 경우는 다른데, 녹차가 커피보다 카페인 함량이 높음에 도 불구하고 건강 음료로 인식되는 것은 카페인의 약효가 인공첨 가물의 방해 없이 작용하기 때문이다. 그래도 장기간 복용하는 것 은 해롭다. 과다 섭취하면 저혈압이 되는데, 지나친 하법으로 인해 진액과 혈액이 마르는 것이다. 녹차 남용에 따른 저혈압으로 어지 럼증이나 심지어 졸도까지 한 환자를 여럿 본 나는 녹차의 강력한 이뇨 작용을 경계한다.

　녹차가 훌륭한 해독약인 것은 사실이지만, 적지 않은 부작용이 있기 때문에 함부로 마시면 안 된다. 기름진 음식을 먹은 직후 소 화를 위해서나 마셔야 한다. 녹차 문화가 중국에서 시작된 것은 기 름진 음식을 즐기는 중국인의 식습관 때문이고, 다도가 일본에서 발전한 것은 일본의 기후가 습濕하기 때문이다. 따라서 기후가 습 하지 않고, 기름에 볶거나 튀긴 음식을 즐기지 않는 우리나라 사람 들이 녹차를 탐닉하면 건강을 잃는다. 체질적으로 몸이 건조하면서 찬 사람에게 녹차는 백해무익하다.

녹차가 지방 분해를 돕는 점은 임신부에게는 오히려 부담이 된다. 이는 임신부가 율무를 삼가야 하는 이유와 같다. 그러므로 임신 중에는 커피뿐만 아니라 녹차 역시 금해야 한다. 왜 금쇠수고를 야기하면서까지 녹차에 의존하는가. 애당초 불량식품을 먹지 않으면 한토하 삼법처럼 무리한 해독법을 써야 할 필요가 없다. 임신부에게 한토하 삼법은 자칫 유산을 부를 수 있으니, 음식 태교로 독소를 완전 차단하여 인위적으로 해독할 일을 만들지 말아야 한다.

현대인은 여러 해독법 중에서 한법汗法을 선호한다. 한법은 체내 독소를 땀으로 배출하는 방법인데, 사우나 · 찜질방 · 반신욕 등이 여기에 해당한다. 그러나 장시간의 땀내기는 위험하다. 진액의 소모로 인해 금쇠수고가 야기되기 때문이다. 특히 한법은 카페인에 의한 하법보다 진액을 많이 소모시키므로 더 조심스럽다.

로마제국의 멸망은 목욕 문화에서 비롯한 부분도 있다. 대중목욕탕에서 향락을 즐기는 로마인의 나태해진 정신이 로마 멸망의 한 원인이라고 학자들은 지적한다. 그런데 나는 여기에 하나를 더 덧붙이고 싶다. 지나친 목욕은 육체적인 건강에도 영향을 끼친다는 사실이다. 즉 로마제국은 정신적인 나태와 육체적인 무기력 탓에 멸망한 것이니, 이는 목욕탕에서 과도하게 땀을 낸 결과이다.

요즘 우리의 모습은 그 시대 사람들과 다를 바 없다. 사우나와 찜질방의 인기가 높은데다 반신욕을 만병통치 건강법으로 여겨 집집마다 열심히 하고 있는 것이다. 이처럼 목욕탕에서 땀내기를 좋아하는 사람의 피부 상태는 남다르다. 피부가 뽀얗고 부드러워 보이니 한의학에서는 이를 가리켜 주리腠理가 조밀하다고 표현하는데, 사람들은 독소가 배출되어 피부가 깨끗해진 증거라고 믿는다. 그러나 이는 진액이 피부로 빠져나가고 있다는 표시이다. 인체를 기계에 비유하면 진액은 윤활유인바, 체내에 있어야 할 윤활유가 밖으로 흘러나와 피부를 감싸는 바람에 피부가 부드러워 보이는 것이다.

사우나와 찜질방에서의 사망 사고가 빈번히 발생하면서 지나친 땀내기가 얼마나 위험한지 증명되었음에도 불구하고 사람들이 자제하지 않는 것은 그 효과가 빠르기 때문이다. 한법의 해독이 신속한 까닭에 온갖 독소에 노출되어 있는 현대인들은 이에 의존하게 된다. 땀을 내지 않으면 몸이 무거워 참을 수 없는 것이다.

그런데 이러한 상태는 비정상이다. 외부 열의 도움을 받아 혈액 순환이 이루어질수록 몸의 순환 기능은 오히려 떨어진다. 장기간의 온열요법은 인체를 퇴화시키니 "뜨거운 온돌에 눕기 좋아하면 뼈 녹는다"는 옛 속담이 틀리지 않다.

자궁을 찜질방으로 만들지 말자. 금쇠수고해진 자궁 속의 태아는 진액이 마르고 정精이 고갈된다. 진액이 마르면 근육이 위축되고 정이 고갈되면 뼈가 약해지니, 임신부는 땀내기를 삼가서 아기의 근육과 뼈를 야무지고 튼튼하게 만들어야 할 것이다. 사실 사우나와 찜질방에서 땀 흘릴 임신부는 없다. 그럼에도 내가 노파심을 보이는 것은 한법의 땀내기를 집에서 쉽게 할 수 있는 반신욕 때문이다.

반신욕 후에 어지럼증을 호소하는 사람들이 많다. 이는 진액이 말라서 생기는데, 평소 몸이 건조한 사람일수록 심하다. 즉 이것은 반신욕 탓에 혈액이 피부 표면으로 몰려 뇌에 공급되는 피가 부족해지는 뇌빈혈腦貧血 현상이다. 따라서 반신욕은 혈압 조절에 문제가 있는 사람에게는 적합하지 않다. 또 반신욕을 식후에 바로 하면 위장으로 가야 할 혈액이 부족해져 소화불량에 걸리게 되므로 주의해야 한다.

반신욕이 만병통치 건강법으로 주목받다 보니 임신부가 그릇된 선택을 하게 될까 염려된다. 사우나와 찜질방처럼 반신욕 역시 태아에게는 바람직하지 않다. 반신욕으로 혈액이 몰려 뇌빈혈과 소화불량이 생길 정도이면 태아에게 전달되는 혈액도 부족해질 수 있다.

자연요법가들은 임신부에게 족탕足蕩 · 각탕脚蕩 · 냉온욕冷溫浴 을 권하지만, 나는 반신욕과 같은 이유에서 반대한다. 나는 임신부의 탕욕 자체를 긍정적으로 보지 않는 까닭에 이 같은 온열요법들을 허용하지 않는다. 여성은 탕욕을 즐기지 않아야 건강하니, 이는 오염된 물로 인한 생식기의 감염을 예방할 뿐만 아니라 한입혈실寒入血室 · 열입혈실熱入血室로 불리는 부인과 질환을 예방하는 길이다. 임신부는 욕조의 뜨거운 물에 몸을 담그는 탕욕보다 흐르는 물로 가볍게 샤워하는 것이 바람직하다.

사우나 · 찜질방 · 반신욕 · 탕욕을 주의하라고 해서 임신부가 땀내기를 두려워할 필요는 없다. 내가 지적하는 것은 금쇄수고를 야기하는 지나친 한법이지, 운동하면서 흘리는 가벼운 땀이 아니다. 땀내기가 겁나 전혀 움직이지 않으면 오히려 해로우니, 나는 임신부에게 산책과 맨손체조, 스트레칭 등을 권한다. 물론 과격한 운동은 위험하다.

인공조미료의 MSG는
뼈의 성장을 방해한다

온열요법은 부엌에서도 매일 행해진다. 취사기구에서 나오는 열 자극이 그것이다. 공교롭게도 취사기구의 위치가 배 부위여서 임신부가 요리를 할 때면 태아에게 적지 않은 열이 전달된다. 옛 여성들이 부엌일을 많이 했음에도 요즘 사람들보다 열 자극을 적게 받았던 것은, 부엌의 환기가 잘 되어 실내 온도가 높지 않았기 때문이다. 그리고 양반집은 임신부에게 부엌일을 시키지 않았다. 임신부의 부엌일은 누군가 대신 해주는 것이 좋다. 만약 임신부가 직접 가스레인지 앞에 서 있어야 한다면 요리 시간을 최대한 단축하기 바란다. 장시간 끓이는 요리는 하지 말자.

취사기구의 문제는 열 자극뿐만이 아니다. 가스레인지의 불연소 가스는 임신부에게 더욱 심각하다. 미국 보건국은 실내 공기 오염의 30퍼센트가 부엌에서 비롯한다고 발표하였는데, 이는 가스레인지에서 불완전 연소되어 나오는 가스 때문이다. 그리하여 독일 정부는 가스레인지 대신 전기레인지의 사용을 적극 권장하였고, 그 결과 이제는 대부분의 가정에서 가스레인지를 쓰지 않는다.

내가 우리 집의 가스레인지를 전기레인지로 바꾼 것도, 지양이의 이유식을 직접 준비하면서 불연소 가스가 얼마나 해로운지를 경험한 때문이다. 이유식을 조리하고 나면 입맛이 없어졌으니, 여느 주부들처럼 음식 냄새로 배를 채우게 된 셈인데, 이는 불연소 가스 탓에 소화력이 떨어진 때문이다. 즉 식사도 하기 전에 주부들의 배를 부르게 하는 놈은 요리 냄새가 아니라 가스레인지의 독가스인 것이다.

나는 아내가 임신했을 때 좀더 일찍 전기레인지로 바꾸지 않은 것을 후회한다. 불연소 가스의 유해성에 대해 잘 알면서도 레인지 후드를 통해 충분히 환기가 되리라 믿었던 점을 반성한다. 소 잃고 외양간 고치는 격이 되었지만, 늦게라도 전기레인지를 사용하고 보니 실내 공기가 한결 상쾌하다. 배기가스를 내뿜던 자동차를 폐차시킨 기분이다. 뱃속의 지양이에게 신선한 공기를 주지 못했던 것이 미안하다.

⬈

불연소 가스와 열 자극이 두렵다고 외식을 해서는 안 된다. 그것은
여우를 피하려다 호랑이를 만나는 꼴이다. 그 호랑이는 MSG 즉
조미료의 주성분인 글루탐산나트륨이다. 임신 중의 아내가 무거운
몸으로 부엌일을 했던 것은 MSG가 태아에게 얼마나 해로운지를
알아서였다. 따라서 나는 인공조미료를 음식 태교의 열한 번째 경
계 대상으로 꼽는다.

　1908년 동경대 이케다 박사는 구수한 맛을 내는 물질인 글루탐
산을 화학합성하여 인공조미료를 만들었다. 이후 30년 동안 '아지
노모노'라는 제품이 인기를 끌다가 일본에 거주하던 미군을 통해
전 세계로 퍼졌다. 그러나 쥐 실험 결과, 뇌세포 손상과 호르몬 장
애를 초래한다는 사실이 밝혀지고, 인체에 미치는 부작용이 보고
되면서 미국 후생성은 MSG에 대한 경고문을 발표하였다.

MSG는 공복에 먹지 말고, 유아에게는 사용하지 말라.

인공조미료를 처음 만들어 낸 일본마저 MSG를 발암물질로 규

정하면서 뼈 성장을 방해하고 천식·구토·두통을 일으킨다며 경고하였다. 특히 MSG는 태반을 통과하여 태아에게 직접 피해를 입히므로 임신부가 섭취해서는 안 된다. 그런데 MSG의 차단은 외식 금지를 의미한다. 인공조미료를 사용하지 않는 음식점이 없기 때문이다.

그런데 이것은 음식점 주인만을 탓할 문제가 아니다. MSG에 중독된 사람들을 상대로 장사하려면 조미료를 쓸 수밖에 없다. 실제로 인공조미료 없이 장사하다가 망한 식당도 있다. 자극적이지 않고 담백한 요리를 만들어 내는 식당이 폐업하는 마당에 나는 MSG에 길들여진 사람들을 적잖이 만나는데, 밥에 인공조미료를 뿌려 먹는 사람까지 보았다.

이처럼 MSG를 탐닉하는 사람들이 전 세계적으로 얼마나 많았으면 국제소비자기구에서 10월 6일을 인공조미료 안 먹는 날로 정했겠는가. 1년 중 하루 먹지 않는다고 건강해질 리 없지만 이날만큼은 MSG의 심각성에 대해 고민했으면 한다.

천연조미료로 판매되는 제품에도 MSG가 첨가되는 경우가 있으므로 조미료는 아예 사지 않는 것이 좋다. 그럼 음식 맛은 어떻게 낼까. 멸치와 다시마로 우려낸 국물을 사용하면 된다. 이케다 박사가 다시마에서 글루탐산을 발견했듯이 화학합성한 MSG 대신 다시마를 쓰면 되는 것이다. 그리고 다시마·멸치·새우·표고버섯 말린 것을 가루 내어 천연조미료로 사용해도 좋겠다. 멸치다시국 물에 천연조미료 등 MSG를 피하려니 부엌일이 더 늘어난다. 그러 고 보면 임신부들이 여우와 호랑이 중 하나를 선택해야 할 입장에 처한 듯하다.

정제 기름의 BHA와 BHT는
기형아를 유발한다

임신부에게 요리는 쉬운 일이 아니다. 임신 초기에는 입덧으로 음식 냄새조차 맡기가 힘들고, 임신 후기에는 배가 불러 몸이 무거우니 참 딱한 일이다. 그래서 임신부는 외식을 하거나 음식을 자주 주문해 먹게 되는데, 그 중 중국 요리가 가장 만만하다. 그러나 임신부에게 중국 요리는 바람직하지 않다. 밖에서 먹는 음식 모두 인공조미료 탓에 해롭지만, 중국 요리는 특히 더 그렇다.

중국식당증후군Chinese-Restaurant Syndrome. 이것은 중국 요리를 먹은 뒤 입과 혀가 마비되거나 얼굴이 붉어지고 현기증과 구토, 심장 박동이 약해지는 증상이다. 1968년에 로버트 호만 곽이라는 의사가 뉴욕의 한 중국 식당에서 식사를 하고 난 뒤 몸이 마비되는 증상을 겪고는 이를 의학 전문지에 보고하면서 중국식당증후군이라는 용어가 등장하였다. 닥터 곽에 의해 그 주범이 MSG로 밝혀졌으니, 중국식당증후군은 조미료 부작용의 대표적인 증거이다.

그런데 왜 거의 모든 요리에 들어가는 MSG가 유독 중국 음식에서만 문제가 되었을까. 그것은 기름에 볶거나 튀기는 중국 요리의 특성에서 비롯한다. MSG가 기름을 만나면 독성이 더 강해지니, 1981년 싱가포르 하얏트호텔에서 발생한 MSG 중독 사고가 그 예이다.

인공조미료를 쓰지 않았다 해도 기름이 들어간 음식은 해롭다. 신선하지 않은 기름으로 조리한 음식이나 오래된 튀김 음식은 독이다. 기름의 산화된 지방이 세포 구조를 변형시키고 호르몬의 불균형을 일으키기 때문이다. 더욱이 지방 산화물인 과산화지질은 강력한 발암물질이다. 따라서 음식 태교의 열두 번째 실천 사항은 기름으로 조리된 음식을 멀리하는 것이다.

휴지도 기름에 튀기면 맛있다.

마쿠우치 히데오가 그의 책 《조식粗食》에 쓴 이 글은 농담이 아니다. 실제로 휴지에 밀가루를 입혀 튀긴 뒤 설탕을 뿌리면 훌륭한 맛이 난다. 밀가루와 설탕, 기름이 마법을 부리는 것이다.

인스턴트에 밀가루 · 설탕 · 기름 삼총사가 빠지지 않는 것은 값싼 재료를 맛좋게 위장하기 위함이다. 기름에 볶고 튀기는 음식치고 신선한 재료를 쓰는 경우가 드물다. 물론 볶고 튀기는 것도 요리법의 하나이다. 신선한 재료를 가지고 좋은 기름으로 집에서 요리한다면 걱정할 게 없으나, 인스턴트 공장이나 음식점에서 만들어지는 볶음과 튀김은 다르다. 재료의 품질도 문제이거니와 산패된 기름의 독이 무섭다.

▲

자연에는 기름을 함유한 식물이 많다. 옛 어른들은 이러한 식물로부터 기름을 얻었으니 참기름 · 들기름이 대표적이다. 그런데 지금의 기름은 옛것과 차이가 크다. 뿌연 침전물이 보이지 않는다. 이는 정제된 기름이기 때문인데, 기름을 짜는 과정에서 생긴 침전물을 불순하다 여겨 제거한 결과, 겉보기에는 맑고 투명해졌지만 건강에는 악영향을 끼치고 있다. 그 침전물은 더러운 노폐물이 아니라 산화를 억제하는 물질, 즉 기름진 식물의 자체 산화를 방지하는 비타민 E · 레시틴 · 셀레늄 등의 영양물질이다.

상품 가치를 높이기 위해 자연의 항산화물질을 제거한 생산자와 맑고 투명한 기름이 청결하다고 선호하는 소비자가 기름을 독으로 만들었다. 정제 기름에는 합성 방부제인 BHA와 BHT가 들어간다. 영양물질을 제거한 까닭에 이들 방부제가 반드시 필요한데, 이것은 기형아 유발 논란으로 미국에서 금지된 물질들이다. 더구나 튀김 과정에서 쉽게 파괴되므로 방부 효과가 금방 사라져 한 번 쓴 기름은 안전핀을 뽑은 폭탄과 같다. 과연 공장과 음식점에서 한 번 사용한 기름을 바로 버릴까? 나는 길거리의 튀김 음식을 볼 때마다 노점 주인에게 몇 번째 튀김인지 확인하고 싶다. 그리고 자판에 쌓인 튀김들이 산화되어 독으로 변해 있음을 아는지 손님들에게 묻고 싶다.

임신부는 튀긴 음식을 먹어서는 안 된다. BHA와 BHT가 기형아를 유발할 수 있다는데 더 이상 무슨 말이 필요한가. 합성 방부제가 들지 않은 기름으로 튀긴 것이라 해도 기름의 산화물인 과산화지질이 태아에게 좋을 리 없다. 과산화지질은 동맥경화 · 심장병 · 간장병 · 신장병 · 암 등의 원인이 된다. 특히 과산화지질이 단백질과 결합되어 생성되는 리포푸스친은 노화 물질로서 기억력 감퇴와 판단력 상실을 야기한다.

뱃속 아기가 총명하기를 바란다면 튀긴 음식은 삼가자. 얼굴에 기미처럼 거뭇거뭇한 자국이 리포푸스친의 흔적이니, 그러한 검버섯을 아이에게 물려줘서는 안 된다.

▲

주방에서 기름을 없애기는 불가능하다. 기름으로 요리해야 하는 음식이 적지 않은 것이다. 우리 집에서는 현미유를 사용하고 있다. 쌀겨를 짜서 만든 현미유는 콩기름과 달리 쉽게 산패되지 않아 비교적 안전하다. 친환경단체에서 구입한 질 좋은 현미유라 해도 한번만 사용하기 바란다. 그리고 볶거나 튀긴 음식은 오래 보관하지 말자.

콩기름의 해로움이 알려지면서 올리브유가 주목받고 있다. 올리브유는 산화될 위험이 적지만 수입 식품인 점이 마음에 걸린다. 방부제 때문이다. 그래도 올리브유를 사용하려면 압착 올리브유, 즉 뿌연 침전물로 인해 색깔이 탁해 보이는 엑스트라버진 100퍼센트 올리브유를 사용하기 바란다.

사실 올리브유는 우리 입맛에 맞지 않다. 열을 가할수록 특유의 향이 진해져 서양 요리에나 어울린다. 그러므로 값비싼 올리브유보다는 현미유가 좋겠다.

올리브유가 서양의 전통 기름이라면 우리에게는 참기름과 들기름이 있다. 우리나라 재래 기름인 참기름과 들기름은 맛과 향이 강해 한 번에 많이 먹을 수 없기 때문에 기름을 적게 사용하게 한다. 그리고 기름 자체에 세사몰과 같은 항산화물질이 함유되어 있어서 변질의 위험이 낮다. 특히 참기름은 항산화물질이 들기름보다 풍부하니 참기름>들기름>현미유의 순서대로 안전하다. 참기름과 들기름을 사용할 때는 잘 흔들어서 침전물도 함께 먹자. 침전물은 더러운 노폐물이 아니라 기름의 부담을 줄여 주는 영양분이다.

요즘은 옥수수기름도 많이 쓰인다. 옥수수가 성인병에 좋다 하니 기름 역시 인기를 끄는 모양인데, 빨리 산화된다는 점에서 바람직하지 않다. 성인병을 예방하는 옥수수와 달리 그 기름은 오히려 몸을 노화시킨다. 참기름·들기름이 아무리 좋아도 참깨·들깨만큼은 못하다. 곡물이든 씨앗이든 껍질이 분쇄되는 순간 산패가 시작되어 점차 독으로 변하기 때문이다. 이에 기름을 약으로 여겨서는 안 된다.

행인·도인·마자인·호마인·우방자 등 한의학에서는 기름진 씨앗을 약재로 사용해 왔다. 그런데 씨앗을 물에 끓여 약으로 삼았지, 그것을 기름 내어 쓰지 않았다. 이는 산패의 위험을 알기 때문이다. 뼈에 좋다 해서 홍화씨기름을 찾고, 기침에 특효라 해서 호두기름을 구하려는 사람은 이 점을 명심하자.

식물성 기름이 이 정도인데, 동물성 기름은 말할 것도 없다. 라드 · 마요네즈 · 버터 등 동물성 기름의 문제는 더 심각하다. 돼지기름인 라드는 고체 상태의 포화 지방이다. 지방은 불포화 지방과 포화 지방으로 나뉘는바, 액체 상태로 식물에 존재하는 불포화 지방과 달리 포화 지방은 고체 상태의 동물성 지방이다. 불포화 지방은 산패되지 않으면 괜찮지만, 포화 지방은 부패 여부를 떠나 무조건 나쁘므로 라드는 좋은 기름이 아니다.

계란 노른자로 만드는 마요네즈도 마찬가지다. 계란 노른자에는 상하기 쉬운 아라키돈산이 함유되어 있어서 부패를 막기 위해 방부제가 첨가되니, 마요네즈는 화학첨가물 덩어리이다. 특히 아라키돈산은 체내에서 염증을 일으키기 때문에 아토피 · 비염 · 기관지염 등 몸에 염증이 있는 사람은 피해야 한다. 우유 지방을 숙성시켜 굳힌 버터 역시 좋지 않다.

채식에 대한 관심이 높아지면서 이들 기름도 식물성으로 대체되고 있다. 라드와 마요네즈 대신 쇼트닝과 마가린을 사용하는 것이다. 그러나 쇼트닝과 마가린은 비록 식물성이라 해도 동물성보다 나쁘다. 순수한 식물성 기름이 아니기 때문이다. 이것은 액체 상태의 식물성 기름을 인위적으로 고체화한 기름으로, 불포화 지방에 수소를 결합하여 포화 지방으로 만든 것이 쇼트닝과 마가린인 것이다. 이러한 가공 과정에서 만들어지는 트랜스 지방은 몸에 쉽게 축적되고 분해가 어려워 동물성 포화 지방보다 해롭다. 따라서 고객의 건강을 위해 라드와 마요네즈 대신 쇼트닝과 마가린으로 제품을 가공한다는 업계의 선전은 허구이다.

사실 쇼트닝은 20세기에 라드의 부족한 물량을 해결하기 위해, 마가린은 19세기에 값비싼 버터를 싸게 공급하기 위해 생산되었으니, 쇼트닝과 마가린을 사용할 바에는 차라리 라드와 마요네즈가 낫다. 가난한 사람들의 버터라 부르는 마가린은 버터처럼 보이기 위해 버터옐로우라는 색소로 물들이는데, 이것은 기형아 유발물질이다. 그러므로 임신부는 마가린을 먹어서는 안 된다. 임신부가 안심하고 먹을 기름은 없다. 식물성은 불포화 지방의 변질이 걱정되고, 동물성은 과도한 포화 지방이 염려되며, 동물성을 대체한 식물성 기름은 트랜스 지방이 무섭다.

그렇다고 모든 지방이 해로운 것은 아니다. 단백질·탄수화물처럼 지방도 인체를 구성하는 영양소이다. 특히 필수 지방산은 체내에서 합성되지 않아 반드시 음식으로 섭취해야 하므로, 기름진 음식을 무조건 피해서는 안 된다. 불포화 지방이 산패되기 전에 재빨리 먹으면 된다. 다만 포화 지방과 트랜스 지방은 멀리할수록 좋다.

▲

나는 등푸른 생선을 먹지 않는다. 등푸른 생선에 DHA · EPA와 같은
필수 지방산이 풍부함에도 불구하고 내가 경계하는 것은 쉽게 상
하기 때문이다. 물론 DHA와 EPA는 혈액을 맑게 하여 심장병을
예방하고, 뇌세포와 시각세포를 구성함에 따라 두뇌 활동과 시력
을 좋게 하며, 염증과 통증을 억제하는 효능이 있다. 그러나
DHA · EPA가 아무리 훌륭해도 불포화 지방인 이상 공기 중에서
산패하면 독에 불과할 뿐이다.

　나는 등푸른 생선이 인체에 미치는 이로움보다 독이 될 때의 해
로움을 먼저 생각한다. DHA와 EPA는 양날의 면도칼과 같다. 신
선할 때는 약이 되지만 그렇지 않을 때는 바로 독이 되니, 생선의
유통 과정이 복잡한 현실을 생각하면 아예 먹지 않는 것이 바람직
하다.

　등푸른 생선을 금한다고 아쉬울 것은 없다. 필수 지방산은 콩 ·
녹황색 채소 · 참기름 · 들기름 등에도 풍부하며, 그래도 걱정이 될
경우 흰살 생선을 먹으면 된다. 그런데 요즘 사람들이 필수 지방산
섭취를 이유로 맹목적으로 찬양하는 음식이 또 있다. 견과류가 그

것이다. 신선하지 못한 견과류가 건강에 나쁘다는 것은 앞서 설명하였다. 견과류의 두꺼운 껍질을 벗겨 내면 점차 산패하니, 등푸른 생선처럼 견과류도 면도칼의 양날과 같다.

부패와 달리 산패는 그 피해가 겉으로 드러나지 않아 사람들이 가볍게 여긴다. 그러나 부패보다 무서운 것이 산패이다. 부패 독은 설사를 통해 바로 배출되지만 산패 독은 그렇지 않다. 기름이 종이에 스며들듯 산패 독은 몸에 흡수되어 건강을 해친다.

이러한 산패 문제는 냉장고 안에서도 벌어진다. 냉장고는 부패를 예방할 뿐 산패는 막지 못한다. 냉장고 내부를 진공 상태로 만들지 않는 한 산패가 멈추지 않으니, 오랫동안 냉동 보관한 견과류와 어패류는 먹지 말자. 임신부는 냉장고를 믿어서는 안 된다. 냉장 보관이 길어질수록 산패가 심해지기 때문이다.

임신부의 식욕은
자연의 맛으로 충족해야 한다

금주 · 금연처럼 상식적인 항목은 논외로 하고, 음식 태교의 열두 가지 실천 사항에 대해 모두 이야기하였다. 이는 다음과 같이 정리할 수 있다.

01 | 인스턴트 식품을 일절 금한다.

02 | 친환경농산물을 선택한다.

03 | 육류 · 유가공품의 섭취를 줄인다.

04 | 설탕을 경계한다.

05 | 고추를 경계한다.

06 | 열성 과일을 피한다.

07 | 열성 한약재를 금한다.

08 | 곡물을 가려 먹는다.

09 | 소금의 섭취를 줄인다.

10 | 카페인을 차단한다.

11 | 인공조미료를 금한다.

12 | 좋은 기름을 사용한다.

이것은 임신부가 아닌 일반인의 건강에도 도움이 되는 내용이다. 모든 사람이 임신부의 마음가짐으로 식욕을 통제한다면 질병의 위협에서 벗어날 수 있다. 음식 태교는 내가 주장해 온 먹지마 건강법과 동일하여 이미 수많은 환자를 통해 그 효과가 확인되었으므로 임신부가 안심하고 실천할 수 있다.

모유 수유 중인 산모의 경우도 마찬가지다. 도대체 먹을 음식이 없다며 푸념할 사람도 있겠지만, 선택할 수 있는 먹을거리는 오히려 많아진다. 경계 식품을 제외하면 모두 먹을거리이다. 평소 인스턴트를 즐겨 온 사람은 답답하겠지만, 뱃속의 아기를 위해 반드시 실천해야 한다.

그런데 음식 태교의 실천에는 큰 걸림돌이 있다. 원하는 대로 먹어야 한다는 임신부의 생각이 그것이다. 임신 중에 특정 음식이 먹고 싶은 것은 태아의 성장에 필요한 영양소를 섭취하려는 본능이라고 임신부는 생각한다. 나도 이러한 생각에 일부 공감한다.

임신 초기에 신맛을 찾는 것은 산미酸味의 수렴으로 태아를 안정시키려는 임신부의 본능이다. 몸이 건조하면서 마른 임신부가 단맛을 선호하고, 습하면서 뚱뚱한 임신부가 매운맛을 선호하는 것은 감미甘味가 보윤補潤하고, 신미辛味가 제습除濕하기 때문이다.

그러나 임신부의 본능은 인스턴트로 인해 왜곡된다. 산미·감미·신미를 인스턴트로 섭취함으로써 오히려 태아를 위협한다. 이 같은 경우는 핵발전소를 지어 달라고 하는 사람에게 핵 폭탄을 만들어 주는 상황과 다를 바 없다. 따라서 임신부는 자신의 본능을 자연스럽게 충족해야 한다. 신맛과 단맛은 과일에서, 매운맛은 파·마늘·생강 등의 양념에서 얻어야지 인스턴트에 의존해서는 안 된다.

임신부에게는 먹고 싶은 음식을 요구할 권리가 있고, 남편은 그 요구에 응할 의무가 있다. 안타깝게도 이러한 권리와 의무가 음식 태교를 방해한다. 인스턴트의 범람으로 인해 임신부는 식욕을 마음껏 표현할 수 없고, 남편은 부인이 원하는 음식을 구해 줄 수 없게 되었다. 나와 아내처럼 음식 태교를 실천하는 부부에게는 적지 않은 곤욕이었다.

처녀 시절에 아이스크림을 유달리 좋아했던 아내는 임신 중에 그 유혹을 참느라 힘들었고, 나 역시 마음이 편치 않았다. 하지만 뱃속의 지양이를 위해 우리 부부는 권리와 의무를 포기하였다. 나는 아내에게 과일즙을 얼려 주었다. 100퍼센트 과일즙을 냉동해서 아이스크림을 대신했으니, 아이스크림처럼 부드럽지는 않아도 달콤하고 차가운 느낌은 아내의 욕구를 채워 주었다.

인스턴트에 대한 임신부의 욕구는 이러한 방법으로 해결해야 한다. 라면 대신 통밀국수, 피자 대신 야채전, 빵 대신 가래떡, 과자 대신 콩볶음 식으로 말이다. 식욕을 절제하는 임신부의 입장에서는 꿩 대신 닭이겠지만, 태아에게는 이것이 꿩 대신 봉황임을 명심하자.

인스턴트를 이겨내는 또 다른 방법은 임신부가 음식 표현을 달리하는 것이다. 음식 이름을 말하는 대신 맛으로 표현해 보자. 예를 들어 사탕이 먹고 싶을 때는 단맛을 원한다고 말하면 된다. 사탕보다 단맛이라는 표현이 대안을 찾기 쉬우니, 조청·엿·대추 같은 자연의 단맛으로 사탕의 유혹을 뿌리칠 수 있다. 특정 인스턴트가 간절할 때는 음식 자체보다 그것의 맛으로 돌려 생각하면 음식 태교를 지킬 수 있다.

음식 태교에 대한 이야기를 마치면서 사주당 이씨가 《태교신기》 안에서 강조한 임신부의 음식 관리법을 소개하고자 한다. 앞에서는 부분적으로 여러 번 인용했는데, 여기서는 그 전문을 옮기기로 한다. 요즘 시각에서는 미신 같은 내용도 있지만, 옛 어른들이 얼마나 큰 정성으로 태교에 임했는지 느껴보기 바란다. 그리고 과거에는 한두 페이지에 불과하던 내용이 이제는 거의 책 한 권 분량이 된 것은 그만큼 현대인의 식생활이 문란해졌다는 증거인바, 안타까운 마음을 금할 길이 없다.

임신부의 식사 도리는 과일 모양이 바르지 않으면 먹지 말고
벌레 생긴 것도 먹지 말며, 썩어 떨어진 것도 먹지 않는다.

참외 · 수박 등과 생야채를 먹지 않고
찬 음식을 먹지 않으며
물커지고 쉰 것과 생선 상한 것, 고기 썩은 것을 먹지 않는다.

새 생명의 파수꾼 어머니의 음식 태교

빛깔 나쁜 것을 먹지 않고, 냄새 나쁜 것도 먹지 않으며
설익은 것을 먹지 않고, 제철 아닌 것도 먹지 않는다.
고기가 비록 많더라도 밥보다 적게 먹어야 한다.

술을 마시면 혈맥이 풀리고
당나귀나 말고기, 비늘 없는 생선을 먹으면 해산이 어려우며
엿기름과 마늘은 태아를 삭히고
비름나물과 메밀, 율무는 태아를 떨어뜨린다.

참마와 선복, 복숭아씨는 자식에게 마땅하지 않다.
개고기는 자식이 소리 내지 못하게 하고
토끼고기는 자식을 언청이로 만들며
게는 태아가 옆으로 나오게 하고
양의 간은 자식이 병치레하도록 만든다.

닭고기와 달걀을 찹쌀과 같이 먹으면 자식에게 기생충이 생기고
오리고기와 오리알은 태아가 거꾸로 나오게 한다.

참새고기를 먹으면 자식이 음란하고
생강 싹을 먹으면 육손이 되며
메기는 아구창이 생기고, 산양고기는 병이 많게 하며
버섯은 잘 놀라게 한다.

계지와 말린 생강으로 양념하지 말고
노루고기와 말밋조개로 국물을 내지 말며
쇠무릎과 회닢으로 나물을 무치지 말라.

자식이 단정하기를 바라면 잉어를 먹고
자식이 슬기롭고 기운 세기를 바라면 소의 콩팥과 보리를 먹으며
자식이 총명하기를 바라면 해삼을 먹어라.

해산에 이르러서는 새우와 미역을 먹어라.
이것이 임신부의 음식이다.

Part 2

새 생명에 대한 책임
아버지의 씨앗 태교

씨앗 태교는 건강한 씨앗을 고르는 일이다. 따라서 아버지의
씨앗 태교는 임신 3개월 전부터 시작해야 한다. 씨앗 태교는 아버지로 하여금
새 생명을 존중하고 이에 대한 책임을 다하게 한다.

아내와 함께
새 생명을 축복하라

임신부가 음식 태교에 성공하려면 집안 식구들의 협조가 필요하다. 특히 남편의 역할이 큰데, 부인의 음식 태교를 위해 남편이 할 일은 두 가지이다. 하나는 남편도 음식 태교에 동참하는 것이다. 자신은 인스턴트를 먹으면서 부인만 먹지 못하게 해서는 안 된다. 애써 절제하는 사람을 유혹해서야 되겠는가.

보통의 남편은 음식 태교에 대해 잘 모른다. 가리지 말고 잘 먹어야 태아가 건강하다는 주장을 편다. 그렇지 않아도 유혹을 참기 힘든 마당에 남편 잔소리까지 들어야 하는 임신부의 경우 음식 태교에 실패할 확률이 높다. 따라서 음식 태교를 실천하는 부인을 둔 남편은 집에서만큼은 아내와 함께 음식을 절제하자.

또 하나는 남편이 부인의 보호자가 되어 주는 것이다. 주위의 외압에도 음식 태교를 실천하도록 울타리가 되어주어야 한다. 인스턴트를 금하는 것을 탓할 사람은 없지만, 육류·유가공품을 멀리하는 모습에는 친지들이 반색하기 마련이다. 시부모의 압력에 맞설 임신부는 없으니, 단백질이 육류에만 존재한다고 믿는 시부모를 남편이 설득해야 한다. 임신부가 남편의 두 번째 역할을 기대하려면 첫 번째가 먼저 선행되어야 한다. 남편 자신도 이해 못하면서 부모를 설득할 수는 없는 노릇이다.

음식 태교에는 인연복因緣福이 필요하다. 임신부에게 식욕 절제력이 있어도 남편이 용납하지 않거나 주위의 압력을 막아주지 않으면 실천하기 어렵다. 결국 남편복 많은 임신부만이 음식 태교를 실행할 수 있다.

나는 진료할 때 환자 보호자의 태도를 살핀다. 보호자가 먹지마 건강법에 공감하는지 확인하는 것이다. 그의 공감도에 따라 환자에게 하는 말이 달라지는데 보호자의 공감도가 높은 환자에게는 자세히 설명하고, 그렇지 않은 환자에게는 식이요법을 굳이 강조하지 않는다. 길게 설명해 보았자 실천하기 힘들고, 혼자 노력한다 해도 가족과의 마찰로 불화가 생길 것이기 때문이다.

음식 태교도 이와 같아서 남편이 공감하지 않으면 효과가 떨어진다. 임신 중에 음식 문제로 언쟁하느라 부부 사이가 멀어질 바에는 차라리 음식 태교를 접는 것이 낫다. 태교에서 가족의 화목보다 중요한 것은 없다. 그렇다고 무절제하게 먹기에는 음식 태교가 너무나 중요하니, 음식 태교를 계륵鷄肋의 신세로 만들지 않으려면 남편복이 있어야겠다.

"임신한 것을 처음 알았을 때 남편의 반응이 어땠나요?"

조산원 원장은 맨 처음 아내에게 이렇게 물었었다. 계획된 임신인지 알고 싶은 것이었다. 남편이 기뻐했다면 계획된 임신이고 당황했다면 그렇지 않으니, 원장은 부부가 함께 준비한 임신을 중시한 것이다. 나는 이 말에 조산원을 잘 선택했다고 느꼈다. 임신부를 환자로 여기는 여느 산부인과와 다른 까닭이다.

결혼한 남녀에게 새 생명은 축복이다. 그러나 계획에 없던 임신은 오히려 부담이 되니, 아빠 엄마의 기쁨을 느껴야 할 태아가 걱정을 느낀다면 어찌 태교가 올바르게 이루어지겠는가. 모든 남편이 부인의 임신에 고마워하는 것은 아니다. 피임의 실패를 탓하는 사람도 있다. 피임의 주체가 자신임에도 불구하고 부인을 원망하는 남편이 태교를 잘 할지 의문인데, 성스러운 생명 앞에서는 부정적인 감정 표현을 삼가야 한다. 임신에 실망하는 남편의 언행이 태교를 시작부터 어렵게 만들기 때문이다.

원치 않은 임신으로 낙태하는 사람도 많다. 아내는 임신 여부를 확인하기 위해 산부인과에 갔다가 간호사로부터 두 가지 질문을 받고 당혹스러웠다고 한다. 간호사는 아내에게 미혼인지, 그리고 출산할 것인지를 물은 것이다. 혼전 임신과 이로 인한 낙태가 얼마나 빈번하면 무작정 이렇게 묻겠는가. 그런데 낙태는 결혼한 여성도 많이 하고 있다. 피임의 실패에 따른 유산을 반대하는 나는 남편들에게 새 생명을 낙태하는 일이 없도록 피임을 당부한다.

피임의 의무는 아내가 아닌 남편에게 있다. 남편의 태교는 임신을 계획하면서부터 시작된다. 임신을 바라지 않는다면 남편 스스로 피임을 하여 아내의 임신 소식에 당황하는 일이 없도록 해야 한다. 그리고 아내가 임신을 했다면 새 생명을 축복하자. 씨앗 태교는 남편의 축복된 마음에서 시작한다.

부부 사이의 예절은
잠자리에서도 필요하다

옛 어른들은 부부유별夫婦有別을 지켰다. 부부유별은 유교의 가정 윤리인 오륜五倫 중 하나로 부부 사이의 예절을 이른다. 부부유별을 남녀차별로 오해하는 사람이 있지만, 이것은 차별이 아니라 서로 존중하는 것이다. 화목한 가정을 위해서는 평등 이전에 유별 즉 배우자의 역할을 존중해야 하니, 상대의 일이 얼마나 힘든지를 배려해야 서로 위하는 마음이 생긴다. 따라서 진정한 부부 평등은 유별에서 나온다.

이 부부유별은 잠자리에서도 필요하다. 서로 존중하는 가운데 부부관계가 이루어져야 하는 것이다. 부부강간죄를 두고 지나친 법적 간섭으로 여기는 사람도 있으나, 부부유별을 지켜온 옛 사람들에게 일방적인 성관계는 있을 수 없는 일이었다. 유학의 절제 교육을 받은 옛 남성들은 합방 날짜까지 합의할 정도로 잠자리의 부부유별을 철저히 지켰다.《태교신기》에는 다음과 같이 쓰여 있다.

> 아내가 거처하는 곳이 아니면 감히 머물지 아니하고
> 몸에 질병이 있으면 잠자리를 같이하지 않으며
> 상복을 입었을 때도 부인과 잠자리에 들지 않는다.

잠자리의 부부유별은 남편이 해야 할 씨앗 태교의 핵심이니, 씨 뿌림에서 때와 장소를 가려야 한다. 아울러 밭을 소중히 하는 정성된 마음을 지녀야 한다.

그렇다고 독자에게 옛 방식을 강요하는 것은 아니다. 우리는 옛 사람들이 행했던 부부유별의 취지만을 살려 현 시대에 맞게 온고지신溫故知新하면 된다. 지금의 남성이 지켜야 할 잠자리의 부부유별은 크게 세 가지이다.

첫째는 피임이다. 앞서 말한 대로 피임은 아내의 몫이 아니다. 뿌린 씨에서 싹이 트는 것은 씨 뿌린 사람이 전적으로 감당할 문제이다. 동물과 달리 사람의 성관계는 생식만을 목적으로 하지 않으므로 임신을 원치 않는 경우 피임을 해야 하는데, 피임의 의무는 전적으로 남편에게 있다. 임신의 책임을 아내에게 전가하는 남편은 부부유별을 모르는 철부지이다. 씨 뿌리는 사람과 밭 가는 사람의 역할 차이를 모른다는 말이다. 씨가 싹트기 전에 거두는 일은 남편만이 제대로 할 수 있다.

둘째는 순결을 지키는 것이다. 외도하지 말라는 뜻인데, 당연한 내용을 언급하자니 오히려 부끄럽다. 술집에서 이루어지는 왜곡된 접대 문화가 외도를 부추기는바, 2차라는 이름으로 벌어지는 성매매가 남성들 사이에 보편화되어 아내에게 미안한 감정조차 갖지 않게 만든다. 단언하건대 다른 밭에 씨 뿌리는 사람은 농사지을 자격이 없다. 이처럼 자격 없는 남편이 어떻게 씨앗 태교를 하겠는가. 진정 자기 밭과 농작물을 소중히 여긴다면 다른 밭을 탐하지 말자.《태교신기》에서도 "비내침非內寢 불감입처不敢入處"라 하여 정조가 남편의 태교임을 지적하였다.

셋째는 맑은 정신으로 잠자리를 갖는 것이다. 최음제에 의존해 부부관계를 갖는 남성이 적지 않은데, 최음제라 해서 향정신성 의약품만 의미하는 것이 아니다. 술도 최음제이다. 취중의 성행위는 폭력이니, 이는 아내와 술집 접대부를 구별하지 못하는, 부부유별에 대한 무지이다. 분위기 전환을 위해 가볍게 음주할 때는 반드시 피임하자. 임신이 목적인 성관계에서는 한 방울의 알코올도 용납할 수 없다. 음식 태교의 핵심이 인스턴트의 차단이라면, 씨앗 태교의 핵심은 취중 성관계의 금지이다. 인스턴트를 즐기는 임신부에게서 음식 태교를 기대할 수 없듯이, 술기운으로 아내에게 접근하는 남편은 씨앗 태교를 포기해야 한다.

어머니의 열 달 기름이 아버지의 하루 낳는 것만 못하다.

사주당 이씨가 《태교신기》에서 아버지의 태교를 더 강조했듯이, 씨앗 태교는 음식 태교보다 중요하다. 남편의 정신이 흐린 상태에서 이루어진 임신은 음식 태교를 무색하게 만든다. 아내의 음식 태교를 위해서라도 남편은 술을 멀리해야 한다. 술 취한 농부가 마구 흩뿌린 씨앗에서는 농작물이 가지런히 싹트지 않으니, 농작물이 어긋나 자라게 되면 아무리 정성을 기울여도 바로잡을 수 없다. 아내와의 잠자리에서 맑은 정신을 갖는 것은 그래서 중요하다.

음양이 고르지 않고 기후가 예사롭지 않거든
나태하지 않아 허욕이 마음에 싹트지 않게 하고
병든 기운이 몸에 붙지 않게 함으로써
자식을 낳는 것이 아버지의 도리이다.

새 생명에 대한 책임 아버지의 씨앗 태교

《태교신기》에서 말하는 허욕은 성욕이다. 음주 후에 꿈틀거리는 성욕을 절제하는 노력이 씨앗 태교인 것이다. 그런데 씨앗 태교는 음식 태교보다 어렵다. 남자에게 성욕은 식욕 이상으로 통제하기 힘든 본능이기 때문이다. 더욱이 씨앗 태교에서 요구하는 성욕의 절제는 임신 중의 금욕으로 이어진다. 이는 아내의 임신 중에는 성관계를 하지 않는 것이니, 임신부의 성관계를 허용하는 사람들에게는 10개월 동안이나 금욕했던 옛 남성들이 도인처럼 보일 수도 있다.

그러나 이는 옛 어른들이 도인이어서가 아니다. 요즘 남성들의 절제력이 부족한 것이다. 아울러 자유를 존중한다며 본능의 절제를 터부시하는 현 사회가 임신 중의 부부관계를 장려하고 있다. 임신부의 성관계가 태교에 좋다고 주장하는 사람이 있을 정도이다. 부부관계를 태교로 받아들이는 한 씨앗 태교가 설 자리는 없다. 씨앗 태교가 음식 태교보다 실천하기 어려운 것은 이러한 사회 분위기 탓도 크다.

성관계의 자극이 태아에게 도움이 된다는 주장은 한의학의 관점에서는 옳지 않다. 한의학에서는 유산의 원인 중 하나로 태동불안胎動不

安을 꼽는데, 성관계로 인해 태아가 불안하게 흔들리기 때문이다. 임신부의 체위가 편하면 괜찮다고 하지만, 남편이 절제하면 될 문제로 불안감을 조성할 필요는 없다.

임신한 여성의 경우 호르몬 변화에 따라 자연스럽게 성욕이 감퇴한다. 그런데 왜 임신한 여성은 성욕이 저하될까. 이는 성관계로 인한 태동불안을 예방하려는 자연의 섭리이다. 따라서 남편은 이에 순응해야 한다. 성관계를 피하려는 아내에게 짜증내지 말고 성욕을 절제해야 할 것이다. 《태교신기》의 다음 글을 명심하기 바란다.

임신부가 거처에 삼가지 않으면 태아를 보전하기가 위태롭다.
이미 아기를 가졌거든 부부가 함께 자지 않는다.

성관계로 인한 태동불안은 남편의 물리적 자극만으로 벌어지지 않는다. 성관계 중에 조성된 열熱이 태동불안의 근본 원인이니, 임신부의 성욕이 화기火氣로 작용하여 태열胎熱을 일으킨다. 따라서 남편이 성관계 중에 물리적 압박을 최소화해도 아내의 성욕을 부채질한 이상 태동불안을 피할 수 없다. 이에 남편의 씨앗 태교는 아내의 마음이 성욕으로 동하지 않도록 조심하는 것이다. 애정이 담긴 가벼운 신체 접촉은 태교에 도움이 되지만, 아내를 흥분시키는 행동은 그것이 비록 사랑의 표현이라 하더라도 태아에게는 부담이 된다.

성욕의 화기가 인체에 미치는 영향은 크다. 한의학에서는 지나친 성욕을 상화망동相火妄動이라 부르는바, 성에 집착하는 환자에게 화火를 다스리는 치료법을 쓴다. 실제 임상에서 보면 양陽 체질의 사람이 성욕을 절제하지 못한다. 음陰 체질이라도 소모성 질환으로 허열虛熱이 생길 경우 성을 탐닉하는데 "폐병 걸린 남자가 여자 밝힌다"는 옛말이 그래서 나온 것이다.

때와 장소, 상대를 가리지 않고 성욕을 발산하는 남성은 정력이 왕성한 건강인이 아니라 상화망동의 질병에 걸린 환자이다. 자식을 위해 10개월 동안 금욕하는 일은 어렵지 않다. 자식보다 욕구 충족을 우선하는 남편은 아버지로서 자격이 부족하다.

현대 의학은 성욕의 절제를 주장하는 한의학을 곱게 보지 않는다. 성욕을 지나치게 억누르면 전립선에 염증이 생긴다는 것이다. 그런데 양방의 지적이 틀리지는 않다. 성욕의 억제로 인한 울증鬱도 병이 되기 때문이다. 그러나 절제와 억제는 다르다. 억제는 성욕의 화기를 눌러 열이 뭉치도록 하고, 절제는 불길을 유도하여 스스로 꺼지게 한다. 씨앗 태교는 무조건 참아야 하는 성욕의 억제가 아니다. 운동이나 취미로 욕구를 승화시키는 성욕의 절제이다.

염증 질환은 성관계 뒤에 더 심해진다. 치질이나 피부병을 앓아 본 사람은 공감할 것이다. 염증의 화기는 성욕이 동할 경우 그 불길이 거세지는데, 특히 하초^{下焦:배꼽} 아래 부위의 염증에 해롭다. 하초습열^{下焦濕熱}을 일으켜 치료를 방해하기 때문이다.

임신부는 성관계가 하초습열의 원인임을 명심해야 한다. 하초습열은 곧 자궁습열을 의미하니, 임신부의 자궁이 열해서 태아에게 좋을 리 없음은 음식 태교에서 이미 여러 차례 강조하였다. 이에 씨앗 태교는 임신부와 태아의 건강을 위해 반드시 행해야 한다.

간접흡연의 가장 큰 피해자는 뱃속의 아기이다

식욕의 절제를 요구하는 음식 태교에 불만이 있었던 임신부도 씨앗 태교에 대해 알고 나면 생각이 달라질 것이다. 남편의 씨앗 태교가 음식 태교보다 가혹하기 때문이다. 그런데 나는 여기에서 더 매몰찬 이야기를 하려고 한다. 임신부의 간접흡연에 대한 것이다. 임신부의 직접흡연이 얼마나 해로운지는 누구나 알고 있으므로 또다시 언급하지 않겠지만, 간접흡연의 문제는 다르다. 이의 심각성을 모르는 남편이 많기 때문이다.

나는 환자에게 금연하라고 말하지 않는다. 어차피 지켜지지 않을 것이기 때문인데, 니코틴의 중독성은 그만큼 강하다. 알코올·

카페인 · 글루텐 · 설탕 · 조미료 등의 중독과 달리 니코틴 중독은 공공의 적이다. 이것은 직접흡연을 하지 않는 타인의 건강마저 위협한다. 다른 중독처럼 탐닉하는 사람만 피해를 본다면, 내가 씨앗 태교에 금연을 포함시킬 이유가 없다.

　따라서 나는 헌법의 행복추구권을 내세워 흡연 권리를 주장하는 애연가에게 타인의 인권 보장을 강조한다. 흡연은 애연가로 하여금 타인의 건강을 침해하면서까지 자신의 행복을 추구하는 이기적인 습관이다.

　　　　　　　　　　　　　　　🌑

담배 연기는 주류연과 부류연으로 나뉜다. 주류연은 흡연자가 내뿜는 연기이고 부류연은 담배에서 피어 나오는 연기인데, 주류연보다 부류연의 독성이 훨씬 강하다. 카드뮴 7배, 벤젠 10배, 톨루엔 5배, 니켈 30배 등 발암물질이 더 많고, 인체에 해로운 암모니아는 7배, 이산화탄소는 8배, 일산화탄소는 5배가 더 많다. 주류연의 독성이 약한 이유는 담배 필터와 흡연자의 폐에서 걸러진 덕이다. 간접흡연이 건강에 치명적인 것은 간접 흡수되는 담배 연기의 85퍼센트가 부류연이기 때문이다.

　타인으로 하여금 독가스 같은 부류연을 흡입하게 하는 흡연은 범죄와 다를 바 없다. 살인이 범죄임은 누구나 인정할 것이다. 그렇다면 흡연은 어떤가. 간접흡연자의 폐암 발병률을 30퍼센트나 높이고, 심장병으로 사망할 확률은 50퍼센트, 중풍에 걸릴 위험은 80퍼센트나 높이는 흡연을 범죄라 여겨도 결코 지나치지 않으니, 금연은 애연가 자신뿐만 아니라 타인의 생명을 위해 반드시 실천해야 한다.

간접흡연의 피해를 가장 크게 받는 사람은 뱃속의 태아이다. 간접흡연은 유산과 사산 확률을 1.5배나 높이고, 저체중아 발생률을 50퍼센트나 높인다. 자식을 해치는 비정한 아버지가 되지 않으려면 집 안에서 금연을 해야 하는 것이다. 베란다나 다용도실 등 격리된 공간에서의 흡연 역시 어림없으니, 옷에 묻어나는 담배 냄새마저도 경계해야 할 것이다.

이 기회에 담배를 끊자. 어차피 흡연은 아내가 출산한 뒤에도 할 수 없다. 아기에게 해로우니 말이다. 어린이의 폐렴과 기관지염 발병률을 57퍼센트나 높이고, 비염과 중이염 발병률도 48퍼센트나 높이는 간접흡연을 막기 위해서는 집 전체가 금연 구역이 되어야 한다. 담배 피우려고 집 밖으로 나가는 니코틴 중독자의 모습을 자식에게 보이지 않도록 단호히 금연하자. 가족의 건강을 생각해서 금연하는 것이 가장의 기본 자세이다.

금연하는 집은 복이 있다. 요즘 담배를 멀리하는 남자들 덕에 복 받은 가정이 많아지고 있지만, 간접흡연의 위협은 여전히 존재한다. 직장·음식점·길거리에 살포되는 담배 독가스가 엄청나기 때문이다. 내가 임신 중인 아내와 외식을 삼갔던 것은 간접흡연을 염려해서다. 음식점을 포함한 공공장소에서의 흡연이 법으로 금지되어 있으나 몰상식한 흡연자들로 인해 제대로 지켜지지 않다 보니 임신부는 공공장소를 피할 수밖에 없다. 담배 냄새는 나와 같은 비흡연 남성에게도 역겹다. 따라서 타인을 불쾌하게 만드는 공공장소에서의 흡연이 하루 속히 사라졌으면 한다.

직장에서 벌어지는 간접흡연은 더 심각하다. 개인적으로 피할 수 없기 때문이다. 직장에서 간접흡연을 당하는 임신부가 많은데, 담배 피우는 동료나 상사 때문에 애태우는 그 심정이 어떻겠는가. 임신부가 근무하는 사무 공간에서 담배 피우는 직장인이 사라지기를 바란다.

설상가상으로 길거리는 임신부에게 지뢰밭이다. 보행 중에 독가스를 내뿜는 흡연자들 때문인데, 길거리 여기저기서 폭발하는 담배 지뢰를 피하느라 임신부의 고초가 크다. 나도 근처 보행자가 담배를 피우면 호흡을 멈추고 발걸음을 재촉하는데, 그만큼 담배 냄새는 자체가 불쾌하다. 이처럼 타인의 보행을 방해하고, 불쾌감을 조성하며, 마구 버리는 꽁초로 인해 거리 미관까지 해치는 길거리 흡연을 더 이상 방치해서는 안 되겠다.

거리는 개방된 공간이므로 간접흡연의 피해가 적다고 애연가들은 주장하지만, 피해 여부를 떠나 공공장소에서 타인에게 불편을 주는 것은 교양 있는 행동이 아니다. 타인의 눈총을 받으면서까지 담배를 피워야 하는가.

일본의 치요다구 같은 곳에서는 거리 흡연을 규제하고 있고, 홍콩은 도시 전체를 금연 구역으로 지정하는 법안을 추진하고 있다. 우리나라도 2003년에 거리 흡연을 규제하는 법안이 국회에 제출되었는데 임신부와 태아, 어린이를 위해 반드시 법으로 제정되어야 할 것이다. 간접흡연과 함께 담배 불똥, 담뱃재의 피해도 간과해서는 안 된다. 흡연자가 뱉는 침과 꽁초의 비위생적인 문제도 마찬가지다.

자동차의 배기가스에
정자는 무력해진다

거리에는 담배 연기보다 무서운 존재가 임신부를 위협한다. 자동차 배기가스가 그것이다. 임신부가 배기가스에 장기간 노출될 경우 태아의 염색체가 손상되어 암으로 발전할 확률이 높아지니, 간접 흡연과 비교되지 않을 정도로 무섭다. 더구나 배기가스 문제는 임신부 개인의 노력으로 해결되지 않는다. 도시 생활을 포기하는 것이 유일한 방법이다. 따라서 정부의 강력한 규제와 자동차 업계의 노력이 필요하다.

자동차 배기가스는 씨앗 태교의 장애물이다. 정자의 질을 떨어뜨리기 때문인데, 배기가스에 노출된 정자는 운동성이 약하고 수

정 능력이 낮다. 씨앗 태교의 '씨앗'은 정자를 의미하는바, 정자를 무력하게 만드는 배기가스가 씨앗 태교에 방해가 되는 것은 당연하다. 아내에게서 불임의 원인이 밝혀지지 않을 경우 남편의 정자를 검사해야 하는 이유가 여기에 있다.

나는 정자의 기형과 활동성 저하를 호소하는 환자들의 직업을 반드시 확인한다. 직업상 배기가스에 노출되는 남성은 그만큼 치료가 힘들기 때문이다. 배기가스를 멀리하지 않는 한 복분자 · 토사자 같은 강장强壯 효능을 지닌 한약재도 무용지물이다.

🍂

불임의 책임을 여성에게만 돌리는 것은 옳지 않다. 우리 사회에는 불임에 대한 편파적인 시각이 여전하다. 자식 없는 무자無子를 칠거지악七去之惡의 하나로 꼽았던 옛 관습이 아직 잔존하는 것이다. 싹이 돋지 않음은 씨앗 자체의 부실이 원인일 수도 있다. 그럼에도 불구하고 무조건 밭만 탓해 온 것이 우리의 현실이다.

아내의 불임 치료에 효과가 없으면 남편도 함께 치료를 받아야 한다. 원인을 알 수 없는 불임의 경우에 특히 그렇다. 불임은 아니지만 임신 준비를 위해 내원하는 분들이 있다. 씨 뿌리기 전에 밭을 고르려는 여성들인데, 이러한 밭갈이가 태교의 시작이므로 나는 정성스럽게 처방한다. 그러나 임신을 준비하는 남편이 드물어 아쉽다. 좋은 씨앗을 고르는 일이 밭갈이보다 먼저 이루어져야 하는데 말이다. 튼튼한 싹이 돋기를 바란다면 부부가 함께 노력하는 것이 바람직하다.

아내의 밭갈이와 남편의 씨앗 고르기를 위해 나는 장약腸藥을 쓴다. 자궁순환제와 정력제를 사용하던 옛 방식과 달리 장을 다스리는 것은 생활환경이 예전과 같지 않기 때문이다. 옛날에는 한기寒氣와 습기濕氣로 인한 여성의 자궁 순환 장애와 업무 과다에 따른 남성의 정력 감퇴가 많았지만, 지금은 장기능 저하로 야기되는 자궁과 정력 문제가 대부분이다. 토울土鬱과 금쇠수고金衰水枯가 원인인 것이다. 이에 자궁순환제와 정력제만으로는 어림없다. 토울을 풀어 주는 장약을 써야 자궁이 순환하고 정력이 강화되어 임신 준비가 용이해진다. 불임도 이러한 방식으로 치료한다.

씨앗 태교는 건강한 씨앗을 고르는 일이다. 이것은 일단 밭에 씨앗을 뿌린 뒤에는 무의미하기 때문에 임신 준비를 위해 한약이 필요한 사람은 남편이다. 아내는 임신부 보약으로 임신 중에도 밭갈이가 가능하지만, 씨앗 고르기에 도움을 주는 남편의 한약은 임신 전에만 유용하다. 그리고 아내의 경우 임신 뒤에 강조되는 음식 태교를 남편은 임신 전에 지켜야 한다. 임신 뒤에 실천하는 남편의 음식 태교는 아내를 돕는 차원인바, 씨앗 태교를 목적으로 하는 음식 태교는 임신 전에 이루어져야 한다.

임신 계획 3개월 전부터 씨앗 태교를 하자. 음식 태교의 바탕 아래 술과 담배를 절제하면 된다. 양약이나 건강보조식품을 남용해서도 안 된다. 태아를 위하는 임신부의 마음가짐으로 남편이 씨앗 태교에 임한다면 더할 나위 없다.

우리 부부에게 씨앗 태교와 음식 태교는 어렵지 않았다. 결혼 전부터 먹지마 건강법을 실천한 때문인데, 아이의 평생 건강이 태교로 결정되고 보니 식욕과 성욕에 굴복할 수 없었다. 그렇다고 우리의 태교가 완벽했던 것은 아니다. 시크하우스Sick House 탓에 아쉬운 부분이 있었다. 공기 오염이 태아에게 나쁜 영향을 준다는 사실을 알고 가스레인지의 불연소 가스와 담배 연기, 자동차 배기가스를 경계한 나도 시크하우스의 주범인 도배 · 장판 · 가구 문제는 가볍게 여긴 것이다.

시크하우스는 화학 가스로 오염된 실내 공기로 인해 거주자가 병들게 되는 집이다. 건축 내장재와 가구, 생활용품에서 뿜어 나오는 휘발성 유기화합물은 아토피 · 천식 · 결막염 · 인후통 · 두통 ·

구역질 · 소화장애 · 피로 등을 일으키는바, 이러한 질병들을 묶어 새집증후군Sick House Syndrome이라 부른다. 시크하우스에서 벌어지는 증상이 다양하다 보니 별도의 병명까지 붙여진 것이다.

태아도 시크하우스로부터 안전하지 않다. 화학 독소가 면역을 항진시켜 인체에 염증을 야기하는 문제는 태아의 경우에도 예외가 아니다. 아토피와 천식, 비염을 호소하는 아이들에게서 나타나는 피부 · 기관지 · 코점막의 고질적인 염증은 그 뿌리가 태아 시절에 있다. 알레르기성 염증 질환을 가진 소아 환자가 많아진 이유가 여기에 있으니, 문란한 식습관과 함께 시크하우스가 그 원인이다.

나에게는 이러한 문제를 언급할 자격이 없다. 시크하우스 속에서 아내가 임신한 까닭이다. 2003년 3월에 도배와 장판, 주방 인테리어를 새로 하고, 그해 5월에 결혼하면서 새 가구와 가전제품을 들여놓은 집에서 아내는 다음해 1월에 임신하였다. 시크하우스의 유해 가스가 적어도 3년 이상 방출되는 것으로 볼 때 뱃속에 있는 태아가 영향을 받는 것은 당연하였다.

우리 부부가 씨앗 태교와 음식 태교에 철저히 매달렸던 것은 시크하우스 문제를 보상하려는 목적도 있었다. 알레르기성 습진을 앓았던 나에게는 집 단장이 큰 실수였다. 도배 · 장판을 하고 난 뒤에 바로 재발하여 몇 달을 고생했으니, 이는 씨앗 태교를 어렵게 만들었다.

그런데 나의 실수는 모든 신혼부부의 공통된 문제이다. 대부분의 신혼집이 시크하우스이기 때문이다. 신혼집 단장을 하지 않는 사람이 어디에 있겠는가. 새집증후군의 심각성을 이미 알고 있었던 나도 도배와 장판, 주방 인테리어를 새로 하지 않을 수 없었다. 자연 환기가 용이한 3월에 천연 벽지로 도배하면서 공기청정기를 믿었지만 습진이 바로 재발했으니, 결혼 몇 년 뒤에 2세를 계획하는 것이 시크하우스로부터 태아를 보호하는 방법임을 뒤늦게 깨달았다.

새집증후군은 탐미貪美의 욕심을 버려야 해결된다. 예쁜 벽지, 화려한 장판, 멋진 가구로 신혼집을 꾸미려는 욕심만 버리면 결혼 직후에 임신해도 괜찮다. 가구는 친환경으로 만들어진 것을 구입하자. 가격이 부담스러우면 아울렛 매장의 제품이나 중고 가구도 괜찮다. 그리고 절대 부엌·화장실 등을 새로 단장하거나 페인트 칠하지는 말자. 도배·장판은 친환경 제품을 사용하되, 가능하다면 새로 하지 않는 편이 더 좋다. 알레르기 병력이 있는 사람은 반드시 유념해야 할 것이다.

태담을 통해 아기에게
아빠의 사랑을 전하라

씨앗 태교에서 나에게 부족했던 것이 또 하나 있다. 태담胎談이 그것이다. 태담은 태아와의 대화를 말하는데, 나는 태담을 자주 하지 못했다. 이는 태담의 중요성을 몰라서가 아니라 말을 아끼는 나의 성격 탓이었다. 무뚝뚝한 나의 성격을 꿰뚫어보았는지 조산원 원장은 우리 부부에게 태담을 강조하였다. 태담이 이루어져야 순산한다는 것이다.

원장의 가르침 덕에 아내는 태담을 열심히 했지만 나는 쉽지 않았다. 남성의 저음에 태아가 잘 반응한다는 것을 알고 있음에도 나의 성격을 고칠 수 없었다. 그러나 태담이 중요한 것은 사실이다.

아빠를 잘 따르는 지양이를 볼 때마다 태담이 부족했던 일이 미안하다. 남편들은 나처럼 쑥스러워 말고 태아와 마음껏 대화를 나누기 바란다.

임신 5개월이 되면 태아가 외부 소리를 듣는다. 그래서 태담은 5개월부터 시작해야 효과적이라고 하는데, 나는 생각이 다르다. 태아가 부모 목소리를 듣고 태동으로 반응하는 것이 태담의 전부가 아니다. 태담의 목적은 부모가 태아를 인격체로 여기도록 하는 것이다. 자신의 소유물이 아닌 인격을 지닌 생명으로 말이다.

임신 사실을 망각하고 행동을 함부로 하는 임신부가 많은 요즘 태아의 존재를 느끼게 하는 태담이 중요하다. 부모와 태아 사이에 태담과 태동이 오고 가는 과정에서 태교에 대한 실천 의지도 커진다. 태담은 음식 태교와 씨앗 태교의 밑거름이 되는 것이다.

태담에는 부모의 사랑이 담긴다. 태아를 행복하게 만드는 것은 부모의 목소리가 아니라 태담할 때 전해지는 사랑이다. 사랑의 기운은 마음으로 느껴지므로 태아의 심장이 박동하는 순간부터 태담은 가능하다. 따라서 태담의 시기에 대한 논쟁은 무의미하다.

태담의 시기는 태아의 청각이 형성되는 임신 3개월도, 감정을 갖게 되는 4개월도, 외부 소리를 들을 수 있는 5개월도 아니다. 태담은 임신 사실을 확인하고 심장 박동이 느껴지는 초기에 가장 필요하다. 태담은 음식 태교와 씨앗 태교의 바탕이자 영靈맞이 태교의 시작이기도 하다.

대화를 나누려면 호칭이 필요한바, 뱃속 아기에게 태명胎名을 지어 주자. 지양이의 태명은 '복덩이'였다. 우리 가족에게 복을 주는 아이이기를 바라며 지은 태명인데, 지양이는 우리의 바람을 넘어섰다. 지양이 덕에 내가 이 책을 쓰게 되었고, 그로 인해 많은 사람에게 큰 도움을 줄 것이라 믿기 때문이다.

씨앗 태교는
음식 태교보다 힘이 세다

.
.
.
.
.

씨앗 태교는 음식 태교에 배해 내용은 간단하지만 실천하기는 더 힘
들다. 금주와 금연, 금욕보다 어려운 절제가 어디에 있겠는가. 그
러나 고생한 만큼 얻는 법이어서 그 효과는 음식 태교를 능가한다.

이제까지 나는 씨앗 태교에 임하는 남편을 본 적이 없다. 실천도
힘들거니와 씨앗 태교 자체가 생소하기 때문이다. 농사를 모르는
요즘 남성이 농부의 일을 가볍게 여길 법도 한데, 씨만 뿌리면 작
물이 저절로 자라는 것으로 생각하고 있다.

옛 어른들은 달랐다. 농부의 역할을 알아 어린 시절부터 성교육
과 함께 씨앗 태교를 배웠다. 초등교육 기관인 서당에서는 논어論

語를 끝낸 학생에게 보정保精이라는 성교육을 시켰으니, 이는 절도 있는 성생활을 강조하는 씨앗 태교이다.

이처럼 일찍부터 씨앗 태교를 교육한 사실은 요즘 남성들에게 시사하는 바가 크다. 학교에서 씨앗 태교는커녕 기본적인 성교육 조차 받지 못하고, 성인 비디오와 인터넷 동영상으로 성에 눈 뜬 남자가 씨앗 태교에 신경 쓸 리 없다. 쾌락만 추구하면서 어찌 금 욕이 따르는 씨앗 태교를 실천하겠는가.

출산율 저하로 국가의 장래를 걱정하는 분위기이다. 그런데 나에게 는 유산으로 죽어 가는 태아들이 더 걱정이다. 자연 유산과 불법 낙태만 막아도 출산율이 높아질 것이니, 정부는 출산장려책으로 태교를 권장해야 한다.

음식 태교는 임신부의 자연 유산을 예방하고, 씨앗 태교는 남성 으로 하여금 생명을 존중하도록 하여 태아를 책임지게 한다. 민주 사회에서는 인권이 기본인데, 지금처럼 태아의 인권이 유린되는 한 올바른 민주주의를 기대할 수 없다. 따라서 태교는 훌륭한 자식 을 얻는 데 그치지 않고, 출산율을 높이는 동시에 민주주의를 이루 게 한다.

유토피아는 가능하다. 모든 남성과 여성이 부성애父性愛와 모성애母性愛를 지니면 된다. 부성애는 씨앗 태교에서, 모성애는 음식 태교에서 시작하는바, 나의 절제 태교는 세상을 행복하게 만드는 방법이다.

부모의 사랑을 받아야 인성이 좋아진다. 세상이 각박한 것은 부모로부터 사랑받지 못한 사람이 많기 때문이다. 다만 과보호와 극성 교육을 사랑으로 착각하지 말자. 나는 요즘 사람들에게 다음에 설명할 영맞이 태교와 함께 씨앗 태교와 음식 태교야말로 진정한 사랑임을 알려주고 싶다.

Part 3

아기의 천재성을 결정하는 영맞이 태교

임신 3주에 이루어지는 영맞이 태교는 자궁의 건강에 달렸다.

언어 · 수리 · 과학 · 예술 · 체육 등에 천부적인 재능을 보이는 아이들은 영맞이로 태어나는

것이니, 영맞이 태교는 0.3% 슈퍼키드를 얻기 위한 영재 태교이다.

영맞이 태교는
임신 3주에 이루어진다

음식 태교, 씨앗 태교, 영靈맞이 태교. 솥발이 셋으로 나뉘어 솥을 떠받들듯 이 세 가지 태교를 함께 지켜야 지덕체를 두루 갖춘 훌륭한 아이를 얻는다. 조조가 천시天時, 손권이 지리地利, 유비가 인화人和를 차지함으로써 세 영웅이 천하를 나눈다는 제갈량의 천하삼분책天下三分策처럼 내가 주장하는 태교 역시 천지인天地人의 삼재三才로 구분된다. 음식 태교는 지地, 씨앗 태교는 인人, 영맞이 태교는 천天이다. 농사에 비유하면 밭地은 음식 태교, 농부人는 씨앗 태교, 기후天는 영맞이 태교인바, 적절한 날씨에 기름진 밭에서 농부가 애를 써야 인재의 결실을 거둘 수 있다.

이러한 비유에는 영맞이 태교의 어려움이 배어 있다. 밭과 농부의 문제는 인위적인 노력을 통해 개선할 수 있지만, 날씨는 사람의 힘으로 바뀌지 않으니 말이다. 다만 심성이 고운 임신부는 예외적으로 영맞이 태교가 자연스럽게 이루어지기에, 그 남편은 날씨 걱정 없이 농사짓는 행복한 농부인 셈이다. 그러나 이처럼 행복한 농부는 드물다. 복잡한 현대 사회 속에서 화 내지 않고 살 수 없기 때문이다.

영맞이 태교는 생각이 많을수록 어렵다. 생각을 절제하는 것이 곧 영맞이 태교이기 때문이다. 또 영맞이 태교가 음식 태교나 씨앗 태교보다 어려운 것은, 생각의 절제가 식욕이나 성욕의 통제보다 어렵기 때문이다. 이제까지 나는 식욕을 통제하는 채식주의자나 성욕을 절제하는 금욕주의자는 보았어도 생각마저 삼가는 사람을 만난 적이 없다. 사실 생각을 절제하는 사람은 범인이 아니라 성현이라 할 것이다.

영맞이 태교는 형이상학적이다. '환생還生'이라는 종교적 패러다임을 안고 있어 난해하다. 그러나 믿음이 달라도 임신부의 감정과 생각이 태아에게 그대로 전해진다는 사실을 인정한다면, 영맞이 태교에 주목하기 바란다. 영맞이 태교는 적벽대전을 앞두고 바람의 방향까지 바꾼 제갈량의 신통력을 보여 줄 것이다.

환생은 윤회輪廻한다. 끝없이 굴러가는 수레바퀴처럼 환생을 반복한다. 수레바퀴가 끝없이 구르는 것은 바퀴축이 있기 때문인데, 윤회의 바퀴축은 업業, Karma이다. 업은 비행기의 블랙박스와 같아서 인간의 모든 행동이 기록되니, 그에 따라 선업善業과 악업惡業이 나뉘어 수레의 진퇴가 결정된다. 선업의 바퀴축은 수레를 앞으로, 악업은 뒤로 물러나게 하는바, 수레의 전진은 발전된 인간으로의 환생이고, 후퇴는 저속한 인간이나 짐승으로의 환생이다.

비록 수레바퀴가 전진한다 해도 길 자체가 험한 까닭에 삶은 고달프다. 따라서 수레를 멈추어야 삶의 고통에서 벗어날 수 있다. 윤회의 수레바퀴를 멈추게 하려면 업장소멸業障消滅 즉 바퀴축을 깨야 하는데 이는 불가능하다. 수레의 멈춤은 부처가 되는 해탈解脫을 의미하기 때문이다. 부처 되기가 어디 쉬운 일인가.

그런데 누구에게나 해탈의 기회는 있다. 수레바퀴를 멈추고 삶의 고해苦海에서 벗어날 희망이 사후死後에 주어지는 것이다. 사람이 죽으면 전생의 업에 따라 후생의 수레가 전진할지 후퇴할지 결정하려고 바퀴가 잠시 주춤하는데, 바로 이때 바퀴축을 깰 수 있다. 그러나 바퀴축을 깨고 영원한 자유를 얻는 사람은 없다. 삶에 대한 집착이 수레가 멈추도록 허락하지 않기 때문이다. 공空의 진리를 깨달은 사람만이 윤회의 수레를 멈추게 하니, 그 과정이 티벳불교 경전인 《사자死者의 서書》에 기록되어 있다.

나는 《사자의 서》를 보면서 영맞이 태교를 생각하였다. 해탈하여 부처가 되는 방법을 제시한 그 경전에서 내가 엉뚱하게 태교를 떠올린 것은 자식에 대한 욕심 때문이었다. 사후에 업장을 소멸하려면 살아 있는 동안 진리를 깨우쳐야 하는바, 내 아이가 그러한 지혜를 갖고 태어나기를 바란 것이다. 결국 나는 부처를 자식으로 맞이하고 싶었으니, 나에게 영맞이 태교의 궁극적인 목표는 성불成佛이었다.

그렇다고 영맞이 태교가 불교신자에게만 적합한 것은 아니다. 환생과 윤회를 믿지 않아도 영맞이 태교는 필요하다. 윤회는 사람들로 하여금 노력을 통해 다음 생에 행복하게 살 수 있다는 '심리적 안정'과 왜 선행을 해야 하는지에 대한 '윤리적 근거'를 제시한다는 점에서 중요한데, 영맞이 태교 역시 마찬가지다. 《사자의 서》의 내용을 믿지 않고 부처의 존재를 인정하지 않더라도, 태아에게 부모의 사랑을 전하는 영맞이 태교가 필요하다.

죽음과 환생의 중간 상태를 티벳에서는 '바르도'라고 부른다. 49일의 바르도 기간 동안에 사자死者에게는 세 번의 해탈 기회가 주어진다. 치카이 바르도, 초에니 바르도, 시드파 바르도가 그것이다. 치카이 바르도는 죽음 순간의 사후 세계로 광명光明이 죽은 자를 맞이하는데, 이 빛을 따르면 바로 해탈한다. 그러나 자신이 죽었는지 살았는지 모르는 사이에 벌어지므로 수행을 통해 죽음을 준비하지 않은 사람은 그 광명을 놓친다.

초에니 바르도는 치카이 바르도를 놓친 다음에 등장하는 사후 세계로, 전생의 업이 만든 온갖 환영들이 나타나 죽은 자를 두렵게 한다. 사자는 치카이 바르도를 지나고 나서야 비로소 자신의 죽음을 인식하니, 가족들이 슬퍼하는 모습과 통곡하는 소리가 들린다. 이처럼 죽음을 인지한 뒤 14일 동안 초에니 바르도가 진행되는데, 다양한 색깔의 빛이 차례로 등장한다. 치카이 바르도의 광명처럼 초에니 바르도에서도 그 빛을 따르면 해탈하지만, 소리와 색을 동반한 업의 환영들이 공포를 주어 이를 방해한다.

마지막 단계인 시드파 바르도에는 환생에 대한 욕망이 가득하다. 초에니 바르도에서 죽음을 인지한 뒤로 환영에 시달리면서 자궁이라는 도피처를 애타게 찾는 것이다. 그 과정에서 '나'를 집착하게 되는데, 이 아집을 부수면 해탈한다. 그러나 초에니 바르도를 놓친 사자가 시드파 바르도에서 성불하기란 힘들다. 환생할 자궁을 찾고자 남녀가 성교하는 환영에 사로잡히기 때문이다.

　이 부분은 프로이드의 정신분석학과 일치한다. 시드파 바르도를 프로이드의 무의식 분석으로 체험하게 되는 것이다. 남성이 아버지를 증오하고 어머니에게 애착하는 '오이디푸스 콤플렉스'와 여성에게서 그와 반대로 나타나는 '엘렉트라 콤플렉스'는 프로이드가 주장하기 오래 전부터 《사자의 서》에 다음과 같이 쓰여 있었다.

　　그대가 남자로 태어날 운명이라면 어머니에게는 집착이, 아버지에게는
　　거부감이 생겨날 것이다. 그리고 여자로 태어날 운명이라면 아버지에게는 집착이,
　　어머니에게는 거부감이 들 것이다. 부모의 어느 한 쪽에 질투심이 생겨날 것이다.
　　　고귀한 자여. 집착과 거부감이 일어날 때 이렇게 명상하라.
　　"아, 나는 어찌하여 이토록 악한 업을 갖게 되었는가. 내가 지금까지 윤회를
　　방황한 것은 집착과 거부감 때문이었다. 만일 내가 앞으로도 집착과 거부감을
　　버리지 못한다면 나는 끝없이 윤회를 거듭하면서 고통의 바다에 잠겨
　　신음하리라. 지금이야말로 집착과 거부감을 버려야 할 때이다.
　　나 자신을 위해 그렇게 해야 한다. 지금부터는 결코 집착과 거부감에 따라
　　행동하지 않으리라… 그렇게 결심하는 것만으로도 자궁 문이 닫히리라."

　무의식의 세계로 들어가면 유아기뿐만 아니라 태아기의 기억까

지도 밝혀진다. 자궁 속의 경험까지 추적하는 것이다. 그러나 프로이드의 정신 분석은 여기서 멈춘다. 형이상학을 두려워한 프로이드는 자궁 이전의 경험을 일부러 추적하지 않았으니, 연구를 계속했다면 초에니 바르도 역시 증명되었을지 모른다.

프로이드의 정신 분석은 성적性的 환상에 사로잡혀 자아에 집착하는 시드파 바르도를 경험하게 하므로 그 내용이 우울할 수밖에 없다. 출생 경험을 인간의 가장 큰 정신적 상처로 여길 정도이니 말이다. 출생 과정에서 태아가 받은 정신적 충격이 무의식을 지배한다는 프로이드의 이론은 삶 자체를 하나의 질병으로 인식하게 하는데, 이러한 무의식의 상처는 그 결과가 치명적이어서 인생을 불행하게 만든다.

치카이 바르도와 초에니 바르도에서 해탈의 기회를 놓치고 다시 자궁으로 들어간 인간의 삶이 고통스러운 것은 당연한바, 정신 분석의 내용이 암울한 것은 그 뿌리가 시드파 바르도에 있기 때문이다. 만약 정신 분석이 초에니 바르도를 거쳐 치카이 바르도에 이르렀다면 프로이드는 인생을 달리 보았을 것이다.

여기서 우리는 '출생의 정신적 충격 Birth Trauma'에 잠시 주목해야 한다. 무의식의 상처를 최소화하기 위해서이다. 난산은 산모의 고통으로 그치지 않는다. 태아가 받는 엄청난 충격은 무의식 속에 저장되어 평생 동안 불안과 초조, 강박의 형태로 괴롭힌다. 그러나 순산은 장차 아이가 신경증과 성격 장애로 고생하지 않도록 해주니, 순산을 돕는 임신부의 태교가 아이의 정신 건강까지 보장하는 셈이다.

그러나 순산만으로는 부족하다. 출산 환경이 부자연스러우면 순산의 가치가 퇴색하고 만다. 가장 자연스러운 출산은 좌식 분만이다. 옛 어른들은 천장에 매달린 삼줄을 잡아당겨 상체를 일으킨 자세로 분만하였다. 이러한 좌식 분만은 다른 나라에서도 행해진바, 앉은 자세에서 산모의 골반이 잘 벌어지는 현상을 이용한 것인데 제왕절개율이 절반 이하로 줄었다는 조사 결과가 알려지면서 임신부들로부터 다시 주목받고 있다.

좌식 분만은 겸자 사용을 위해 산모를 눕히면서 잊혀졌다. 겸자는 아기 머리를 잡아 밖으로 끌어내는 기구로 산모가 누워야 사용하기 쉽다. 의사들이 겸자를 사용함에 따라 산모에게 진료하기 쉬운 자세를 요구하게 되었고, 결국 겸자 사용과 상관없이 모든 산모가 의사의 편의를 위해 눕게 된 것이다.

이처럼 주객이 전도된 분만은 부자연스럽다. 분만할 때 편해야 할 사람은 의사보다 산모와 태아이다. 물론 의사의 조치가 시급한 경우는 예외이나, 난산의 우려가 없음에도 산모가 환자처럼 누워 버리는 것은 옳지 않다. 비록 인생이 고해라지만, 그렇다고 산모마저 환자 취급을 하여 아기에게 정신적 충격을 가할 필요는 없다.

수술실처럼 무서운 장소에서 산모가 심리적 압박을 받으며 낳는 아기가 출생시 정신적 충격을 받는 것은 당연하다. 하물며 제왕절개와 유도분만, 무통분만은 어떻겠는가. 새롭게 맞이한 세상에서 처음 접하는 것이 메스와 약물이어서는 안 된다. 따라서 임신부는 분만 중에 메스와 약물이 쓰이지 않도록 난산 예방에 최선을 다해야 한다. 우리 부부가 조산원을 선택한 이유는 마음 편한 공간에서 지양이를 맞이하고 싶어서였다.

영맞이 태교는
자궁의 건강에 달렸다

사후 49일 동안 방황하는 영혼은 자궁을 찾아다닌다. 임신한 여성의 자궁에 들어가야 환생할 수 있기 때문이다. 그런데 여기에도 입주 시기가 있으니, 임신 3주에만 입궁入宮 할 수 있다.

 한의학에서는 임신 3주를 입신入神 하는 때로 보는데, 발생학發生學의 관점에서 보면 태아의 심장이 만들어지는 시기이다. 임신 3주가 되면 태아의 심장이 발생하고, 4주에는 박동이 시작되며, 6주에는 그 소리를 느낄 수 있다. 그리고 7주에는 형태가 완성되어 18주부터는 자세히 볼 수 있게 된다. 이러한 심장의 형성 과정에서 영혼의 입궁이 이루어진다.

그런데 영혼은 아무 자궁에나 들어가지 않는다. 입주자가 아파트를 고르듯이 자궁을 선택한다. 해탈의 기회를 놓친 영혼은 시간이 흐를수록 환생을 서두르지만 자신에게 편한 자궁을 찾아 입주한다. 여기서 중요한 것은 '편한 자궁'이 전생의 업業으로 결정된다는 점이다.

악업惡業의 영혼에게는 나쁜 환경의 자궁이 오히려 편해 보이는 바, 이러한 환영에 속아 불행한 인생을 선택한다. 이는 뿌린 대로 거두는 인과의 법칙으로 어떤 영혼도 피할 수 없다. 《사자死者의 서書》는 자궁을 선택할 때 환영에 속지 말라고 강조하지만, 깨달음을 얻지 못한 영혼은 업이 만들어 낸 환영을 따라 자궁 속으로 들어간다.

영靈맞이 태교는 훌륭한 영혼을 유인한다. 이것은 수준 높은 소비자의 눈길을 사로잡기 위해 고급한 자재와 인테리어로 집을 설계하는 건설업자의 심정으로 좋은 자궁 환경을 이루어 훌륭한 영혼을 맞이하는 태교법이다. 비유하건대 파란 영혼을 원하면 파란색으로, 하얀 영혼을 원하면 하얀색으로 자궁을 꾸미면 되니, 임신부가 마음먹은 대로 영혼을 맞이할 수 있다.

윤회의 세계에서는 부모가 자식을 얻는 것이 아니다. 자식이 부모를 선택하는 것이다. 이는 자식을 부모의 소유물이 아닌 부모와

동등한 인격체로 인식하게 한다는 점에서 중요하다. 영적靈的 나이로 따지면 부모보다 자식의 나이가 더 많은바, 자식 이기는 부모 없는 이유가 여기에 있을 것이다.

이제부터 나는 자궁 인테리어에 대해 설명하려고 한다. 부디 영맞이 태교를 통해 자궁을 선업善業으로 치장하여 악업의 입주를 막기 바란다. 선한 인연으로 복된 자식을 만날지, 악한 인연으로 자식을 원수처럼 여기게 될지는 영맞이 태교에 달렸다.

자궁 인테리어는 임신부의 '생각' 으로 이루어진다. 밝은 생각은 선한 영혼을, 어두운 생각은 악한 영혼을 맞이하는 것이다. 이처럼 자궁 인테리어를 통한 영맞이 태교는 간단명료하지만 실천은 음식 태교나 씨앗 태교보다 훨씬 어려우니, 생각은 식욕이나 성욕과 달라서 통제하면 할수록 증폭된다. 통제 자체가 또 다른 생각을 불러일으켜 구르는 눈덩이처럼 번뇌와 망상이 꼬리를 물고 커져 간다. 좋은 생각을 증폭시킨다면 바람직하겠지만, 혼탁한 세상은 우리로 하여금 착한 생각만 하게 하지 않는다.

영맞이 태교를 더 힘들게 하는 것은, 임신 3주에 영혼을 맞이한다는 점이다. 과연 그 시기에 자신의 임신 사실을 아는 여성이 몇이나 될까. 임신 4, 5주는 되어야 임신 여부를 확인하게 되니, 임신 3주에 필요한 영맞이 태교의 실천은 불가능하다. 그래서 태교는 결혼 전부터 준비해야 하는 것이다. 음식과 생활 관리로 몸의 감각이 섬세해지면 임신 3주 전에 이를 느낄 수 있다. 영혼이 들어올 새집이 자기 몸에 만들어지고 있음을 느끼게 된다.

우선 여성의 감각을 떨어뜨리는 생리불순 문제부터 치료하자. 평소 생리가 규칙적인 여성은 월경이 없을 경우 임신을 의심하게 되지만, 그렇지 못한 여성은 월경을 기다리다가 뒤늦게 임신 사실을 확인하게 된다. 생리불순은 자궁 건강을 위해서도 반드시 고쳐야 한다. 《동의보감》에서 허준은 규칙적인 생리의 중요성에 대해 다음과 같이 말하였다.

사람이 사는 도리는 자식을 낳는 데에서 비롯한다.
자식을 낳는 법에는 월경이 고른 것이 먼저이니, 매번 자식 없는 아내를 보면
월경이 혹은 먼저하고, 혹은 뒤에 하며, 혹은 많고, 혹은 적으며
혹은 장차 행하려 할 때 통증이 있고, 혹은 행한 뒤에 통증이 있으며
혹은 자주색이고, 혹은 검으며, 혹은 묽고, 혹은 뭉쳐 고르지 않으니
고르지 않으면 혈기가 어긋나서 임신하지 못하는 것이다.

과거에는 생리불순의 원인이 한기寒氣에 있었다. 주거 환경이 부

실한데다 찬물을 주로 쓰면서 한사寒邪가 자궁에 침범하여 생기니, 생리불순을 치료하는 한약의 성질이 온성溫性인 이유가 여기에 있다. 이러한 한약이 지금도 여전히 사용되지만, 환경 변화에 따라 그 효능이 크게 줄어 한약을 먹을 때에만 좋다가 약을 끊으면 바로 재발하는 형편이다. 이는 자궁을 따뜻하게 하는 처방만으로는 생리불순을 다스릴 수 없기 때문이다.

요즘 여성의 생리불순은 장하수腸下垂가 원인이다. 불량식품 탓에 아래로 처진 소장이 자궁의 기운을 울체시켜 생리불순과 생리통을 야기하는 것이다. 따라서 음식 관리로 장 기능을 회복해야 생리불순이 근본적으로 해결된다. 미니스커트 때문에 한사가 문제되는 여성도 있으나, 밀가루·설탕·육류·유가공품처럼 장하수를 유발하는 음식으로 인해 자궁에 질병이 생기는 경우가 대부분이다. 생리불순과 생리통을 포함하여 조기 폐경, 물혹, 근종, 난소낭종, 내막염 등 요즘 여성이 앓고 있는 거의 모든 자궁 질환이 해당된다.

식생활을 개선하면 해결될 문제로 고생하는 여성들이 안타깝다. 임신을 원하는 여성의 경우 더욱 그렇다. 자궁의 건강은 임신에 필요한 핵심 조건일 뿐만 아니라 영맞이 태교의 시기를 알려 주는 척도이다. 사실이 이럴진대 음식 관리에 어찌 소홀할 수 있겠는가.

한약 효과를 탓하기 전에 식욕 통제부터 해야 한다.

그런데 생리불순의 문제는 나에게 각별하다. 아내를 만나게 해 주었기 때문이다. 2001년 9월, 아내는 이 질환을 치료하고자 한의원에 내원하였다. 아이스크림을 매일 즐기던 생리불순의 아가씨가 장차 나의 아내, 우리 지양이의 어머니가 되리라고는 상상조차 못했다. 나는 병의 원인이 아이스크림의 냉기冷氣와 설탕에 있음을 지적해 주었는데, 의사와 환자로서의 만남은 부부의 인연으로 발전하였다. 이후 아내는 아이스크림을 비롯한 모든 인스턴트 불량식품을 끊고 지양이를 건강하게 순산할 정도로 자궁 상태가 좋아졌다.

먹지마 건강법을 3개월 정도 실천하면 몸의 변화가 느껴진다. 전체적으로 몸 상태가 개선되어 기분이 좋아지는데, 한편으로는 너무 예민해진 것 같아 걱정이 되기도 한다. 불량식품을 먹으면 복통·설사 등의 반응이 바로 나타나기 때문이다.

그런데 이러한 반응은 병이 아니다. 음식 관리 덕에 섬세해진 인체가 독소를 배출하는 현상이다. 따라서 장이 나빠졌다고 오해하지 말자. 불량식품을 먹고 설사하는 것은 자연치유력이 왕성한 증거이다. 배 아픈 줄 모르는 사람은 독소가 배출되지 않고 그대로 간에 쌓이니, 축적된 독소 탓에 훗날 성인병으로 고생하기보다 당장 복통과 설사로 액땜하는 것이 바람직하다.

감각이 정밀해지면 혀의 느낌으로 음식 상태를 예측하여 장의 수고를 줄일 수 있다. 미각을 통해 불량식품을 감별할 수 있는 사람은 독을 배출하느라 배 아프고 설사하는 고생을 면한다. 혀에서 느낌이 이상한 음식은 모두 뱉거나 더 이상 먹지 않으면 속 불편할 일이 없다.

영양을 흡수하는 장의 점막세포와 맛을 느끼는 혀의 미각세포, 그리고 뇌의 인지세포는 서로 통해서 장 기능이 좋아지면 미각이 발달하고 인지 능력이 높아진다. 집중력이 향상되고 두뇌가 명석해지기를 바라는 사람에게 내가 장 치료약을 쓰는 이유가 여기에 있다. 뇌 다음으로 신경 분포가 많아 제2의 뇌로 불리는 소장에 두뇌 개발의 비밀이 숨어 있으니, 하단전下丹田이 충실해야 상단전上丹田이 완성된다는 도가道家의 가르침이 틀리지 않다.

음식 관리로 장이 좋아지면 뇌의 인지력이 향상되어 영맞이 태교의 시기를 꿈을 통해 감지할 수 있다. 일반인으로서는 임신 3주 전에 수태收胎를 느끼는 직관력을 갖기가 어려우나, 꿈에서는 가능하다. 영맞이 시기를 알려 주는, 직관의 신호가 태몽인 것이다. 그러나 영맞이 준비에 도움이 되지 않는 태몽도 많다. 부부가 아닌 다른 가족이 대신 꾸는 태몽이 그렇고, 임신 중반에, 심지어는 출산 직전에 꾸는 태몽이 그러하다.

신내림을 받기 위해 몸과 마음을 정화하는 무당처럼 태몽의 예지력을 얻으려면 음식과 생활 관리가 필요하다. 장이 건강해서 뇌 기능이 활발할수록 태몽을 일찍 꾸기 때문이다. 따라서 미혼 여성은 먹지마 건강법의 실천으로 결혼 뒤에 가동할 임신 감지용 레이더를 준비해야 한다. 임신 3주 때 이를 포착하여 태몽으로 알려 주는 뇌의 감지 레이더야말로 영맞이 태교를 시작하는 데 필요한 핵심이다.

2004년 1월 초, 나는 아내로부터 꿈 이야기를 들었다. 어떤 스님이 아내에게 빈 그릇을 보이면서 "네가 몸 안에 훌륭한 사람을 품었구나" 하고 말씀하셨다는 것이다. 나는 아내의 이야기를 듣고 깜짝 놀랐다. 나 역시 비슷한 꿈을 꾸었기 때문이다. 큰스님이 나에게 "장차 훌륭한 사람이 될 것이다" 하고 말씀하신 꿈인데, 나와 관련된 다른 사람을 이르는 것 같았다. 우리 부부는 이처럼 일치된 꿈이 태몽임을 느꼈고, 산부인과에서 임신 3주임을 확인함으로써 영맞이 태교를 할 수 있었다.

밝고 아름다운 생각이
기품 있는 영혼을 맞이한다

영맞이 태교는 증오심을 경계한다. 여러 생각 가운데 증오하는 마음의 에너지가 가장 강한바, 임신부가 증오심을 품으면 그 생각대로 자궁이 꾸며져 증오의 대상과 같은 성격의 영혼을 맞이하게 된다. 예를 들어 술주정 심한 남편을 증오하게 되면, 자궁이 술집처럼 만들어져 술 좋아하는 영혼이 입주하게 되는 것이다. "애비 닮았다"는 욕을 듣는 아이의 나쁜 버릇은 유전 탓이 아니다. 아이의 버릇은 그가 전생에 지녔던 습관으로, 자궁을 잘 꾸며 영혼을 맞이하면 아이가 속 썩이는 남편을 닮지 않는다.

임신부는 어느 누구도 증오해서는 안 된다. 아이가 자신이 싫어하는 사람을 빼닮지 않게 하려면 증오하는 마음을 없애야 한다. 대가족 집안의 며느리는 특히 조심하자. 가지 많은 나무에 바람 잘 날 없는 법이어서 형제·자매가 많은 집에는 미운 사람이 반드시 있기 마련이니, 그를 미워하다가는 영靈맞이가 엉망이 된다.

핵가족도 안심할 수 없다. 여성의 사회 참여로 대인관계가 복잡해짐에 따라 증오의 대상이 생길 가능성이 높아졌다. 아이가 미운 직장 상사를 닮게 되면 얼마나 당혹스럽겠는가. 따라서 임신을 준비하는 여성은 대인관계가 단순해야 한다.

그런데 증오의 화살은 사람에게만 향하지 않는다. 정치·사회·경제·생활환경 등의 문제도 혐오의 대상이 된다. 정치는 싸움판이고, 사회는 혼탁하며, 경제는 바닥이고, 생활환경은 오염되다 보니 막연한 증오로 이글대는 사람들이 많다.

익명이 보장된 인터넷 문화가 이 문제를 더 부채질하는바, 인터넷 뉴스에 달린 네티즌의 댓글을 보면 그들의 증오가 무섭다. 건전한 비판은 사회를 밝게 만들지만, 인터넷의 댓글은 분노가 담긴 독설로 보는 사람에게 불쾌감을 준다. 따라서 임신부는 인터넷 뉴스를 포함하여 미디어 자체를 멀리하기 바란다. 증오심을 일으키는 소식으로 가득 찬 뉴스를 아예 접하지 않는 것이 현 시대를 살아가는 임신부에게 필요한 태교이다.

증오와 분노를 억누르기는 쉽지 않다. 식욕과 성욕을 통제하여 음식 태교와 씨앗 태교에 성공한 나도 화를 참는 것은 어려웠다. 그렇다고 포기하지 말자. 훌륭한 영혼을 맞이하는 비법을 알면서 어찌 포기하겠는가. 이에 나는 영맞이를 준비하는 임신부에게 생각을 다스리는 법을 소개하려고 한다.

사실 생각은 절제 가능한 대상이 아니다. 먹는 행위를 절제하는 음식 태교와 성행위를 자제하는 씨앗 태교와 달리 영맞이 태교의 대상인 생각은 행위가 동반되지 않기 때문이다. 그러므로 앞서 내가 표현한 '생각의 절제'는 어불성설이다. 마음을 다스리려면 우선 생각을 통제하려는 강박관념에서 벗어나야 한다. 그럼에도 불구하고 내가 모순된 표현을 사용한 것은 생각의 절제가 얼마나 힘든지를 알아야 강박으로부터 자유로울 수 있기 때문이다.

그러나 강박으로부터의 자유는 함부로 생각해도 된다는 뜻이 결코 아니다. 생각에 집착하지 말라는 것이다. 생각을 통제하려고 하면 생각에 집착하게 되어 마음이 다스려지기는커녕 번잡한 망상들이 계속 생겨나는바, 집착하지 말고 그냥 놔두는 것이 현명하다.

나는 대학 시절에 명상 수련을 하면서 번뇌로 고생한 적이 있었다. 쉼 없이 떠오르는 망상을 감당할 수 없어 명상 지도자에게 도움을 청하자, 다음의 가르침을 주었다. "생각을 없애려 할수록 망상이 더 생기니 집착하지 말라." 그는 나에게 관법觀法을 알려 준 것이다. 어떤 성격의 망상인지 지켜보기만 하라는 가르침이다.

예를 들어, 관법은 증오의 마음이 생겼을 때 '이것이 증오심이구나' 하고 생각할 뿐 더 이상 집착하지 않는 수행인데, 이렇게 하면 증오심이 곧 소멸된다. 이것은 소멸이라기보다 다른 망상이 그 자리를 차지함으로써 증오심을 잊게 되는 것이다. 망상은 큰 물줄기와 같아서 둑을 쌓아 억지로 막으면 홍수의 피해를 남기지만, 신경 쓰지 않고 내버려두면 아무 흔적 없이 흘러간다.

관법이 마음을 다스리는 훌륭한 방법이기는 하나 실천하기는 어렵다. 집착 없이 관하는 것 자체가 힘들다. 이에 나는 '염念'을 권한다. 생각할 대상을 만든 뒤 이에 집중하여 망상이 붙을 자리를 없애는 것인데, 염불念佛이 그 예이다. 염불은 오로지 부처만 생각하여 다른 망상을 일으키지 않는 수행법이니, 관법보다는 실천하기가 쉽다. 모든 생각에 집착하지 않는 것이 관법이라면, 염은 집착할 하나의 생각에 매달리는 것이다.

참선에서 붙잡는 화두話頭가 바로 염의 대상인바, 참선의 목적은 화두의 해답을 얻는 데 있는 것이 아니라 화두에 집중함으로써 다른 망상을 잠재워 업장을 소멸하는 데 있다. 따라서 화두는 답이 없는 질문이어야 한다. '이 뭐꼬?'처럼 화두의 내용이 추상적인 이유가 여기에 있다. 염의 대상에 감정이 물들면 집중이 집착으로 변하게 되므로, 실존하는 것을 대상으로 삼아서는 안 된다. 미워하는 인물은 말할 것도 없고, 사랑하는 사람이나 아끼는 물건 등을 염의 대상으로 삼아서는 안 된다. 실존에 대한 염은 우상숭배와 다를 바 없다.

불 꺼진 어두운 방에서 암흑을 붙잡으려는 행동은 어리석다. 아무리 노력해도 어둠은 손에 잡히지 않는다. 그런데 이러한 암흑을 간단하게 해결하는 방법이 있다. 전등 스위치를 눌러 불빛으로 어두움을 쫓아내면 된다. 마음 다스리기도 이와 같아서 부정적인 생각을 없애고자 안달하기보다 긍정적인 생각을 가져야 마음이 밝아진다. 마음 문제에서는 먹지마 건강법이 통하지 않는바, 나쁜 생각을 마이너스(−)하려 애쓰지 말고 좋은 생각을 플러스(+)하자.

스위치 누르는 법을 터득한 임신부는 영맞이 태교에 성공할 수 있다. '어두운 생각'이 떠오를 때마다 '밝은 생각'의 스위치를 누르면 된다. 증오심이 생길 때는 아름다운 생각을 하는 것이다. '내가 왜 어두운 마음으로 태교를 망칠까' 하는 걱정은 나쁜 생각을 없애는 데 전혀 도움이 되지 않을 뿐더러 망상과 우울한 감정을 불러온다. 따라서 어두운 감정에 대한 고민 대신 밝고 아름다운 감정을 떠올리기 바란다.

옛 어른들은 임신을 하면 고귀한 물건을 보면서 마음을 가다듬어 기품 있는 자식을 맞이하고자 애썼다. 상류 가정에서는 진주나 옥처럼 값진 물건을 태교에 이용했고, 서민들은 귀인의 초상화나 신선의 그림, 좋은 향 등을 갖추었다. 비록 물건에 의지하긴 했지만 정서적으로 맑고 평화로운 상태를 유지하려고 애쓴 자세를 본받아야 한다.

혼탁한 요즘 사회에서는 이러한 노력으로는 부족하다. 귀금속 · 초상화 · 그림 등에 감복할 정도로 요즘 사람들의 마음은 순수하지 않다. 증오의 대상이 많아지고 생각이 복잡해짐에 따라 스위치를 ON해서 마음의 불을 밝혀도 금방 OFF되어 어두워지는 까닭에, 스위치 누르기에 바빠 그 자체가 스트레스일 지경이다. 따라서 스위치를 항상 ON하는 방법을 임신부에게 권한다. 앞서 말한 '염'이 그것이다.

존경할 대상에 마음을 집중하면 스위치가 쉽게 OFF되지 않으니, 마음을 밝게 유지할 수 있다. 존경의 대상으로는 성현이 가장 바람직한데, 영맞이 태교에는 종교를 지닌 임신부가 유리하다. 종교가 없는 사람은 역사적인 위인 중에서 찾아보자. 위인전을 읽으면서 마음을 집중하면 어두운 마음이 저절로 밝아져 훌륭한 영혼을 맞이할 수 있다.

망상을 종교의 힘으로 다스린 임신부는 전생에 신앙심 깊었던 영혼을 맞이하여 모태 신앙을 이룬다. 아내는 영맞이 시기에 염불念佛과 독경讀經을 했고, 스님의 법문法文을 들었다. 특히《반야심경般若心經》이라는 불교 경전을 소리 내어 읽었는데, 지양이에게서 그 영향을 읽을 수 있었다. 신생아 시절, 반야심경의 독경 소리에 울음을 멈추었던 것이다.

그런데 나는 이러한 모습에 놀라지 않았다. 불공으로 낳은 아이의 남다른 성장을 여러 번 보았기 때문이다. 그렇다고 내가 불교를 강조하는 것은 아니다. 정신을 집중하여 어두운 마음을 밝힐 수 있다면 어떤 종교라도 좋다. 이에 나는 영맞이 태교를 준비하는 임신부에게 신앙생활을 권한다. 마음 정화에서 종교만큼 효과적인 것이 없다.

영맞이 태교는 0.3% 슈퍼키드를
얻기 위한 영재 태교이다

종교가 아니어도 어느 특정 분야에 마음을 모으면 임신부가 그 방면에 재주 있는 영혼을 맞이하게 된다. 언어 · 수리 · 과학 · 예술 · 체육 등에 천부적인 재능을 보이는 아이들 모두 영靈맞이로 태어나는 것이다. 따라서 영맞이 태교는 0.3% 슈퍼키드를 얻기 위한 영재 태교이다.

요즘 영재 태교가 유행이지만 영맞이 시기를 지나 실천하는 탓에 효과가 적다. 예를 들어 영어 잘하는 아이를 바란다면, 임신 3주 전부터 영어에 몰두함으로써 전생에 영어와 인연이 있던 영혼을 맞이해야지, 영어와 무관한 영혼을 이미 받아들인 상태에서 강제로 영어를 주입하는 것은 어리석다. 원하는 입주자를 맞으려면 분양 전에 그에 맞는 입주 여건을 갖추어야 하듯이, 영재와 천재는 임신 초기에 영맞이를 준비한 부모가 얻는다.

물론 영맞이 시기를 지나도 영재 태교는 가능하다. 평범한 영혼도 비범하게 교육할 수 있다. 그러나 그 비범함은 타고난 영재나 천재와는 다르다. 이생에서 후천적인 노력으로 만들어지는 재주와 전생에서 이미 완성된 재능은 차이가 크다.

몇억짜리 고급 자동차라 해도 몇백만 원짜리 행글라이더보다 못하니, 땅 위에서 아무리 달려 보았자 산 넘고 강 넘어 하늘을 자유자재로 날아다니는 비행체를 따라잡을 수 없다. 후천적인 어떠한 노력도 선천적인 우수성을 능가하지 못한다는 말이다. 내가 영맞이 태교를 강조하는 것도, 이처럼 영혼의 질을 선택하는 문제이기 때문이다. 기왕에 하는 영재 태교라면 보행체步行體를 골라 고급 자동차로 만들기보다 비행체飛行體를 선택하여 제트기로 완성하는 것이 좋지 않을까?

이러한 사실은 교육에서도 중요하다. 우리의 교육 현실이 어두운 것은 보행체인 아이에게 제트기가 될 것을 강요하거나, 비행체인 영재에게 보행체 수준으로 접근하기 때문이다. 그렇다고 아이의 학습 부진을 학교 탓으로 돌리지 말자. 배움의 즐거움을 아는 영혼은 학교 교육이 부족해도 스스로 공부한다.

애당초 배움에 뜻있는 영혼을 맞이하면 학습 부진으로 걱정할 이유가 전혀 없다. 공부 싫어하는 영혼에게 교육이 무슨 소용인가. 공부에 취미 없는 아이를 두고 학교를 원망해서는 안 된다. 이것은 머리 쓰기 싫어하는 임신부 자신의 문제이다. 영맞이 시기에 배움을 즐겨한 임신부는 공부 좋아하는 아이를 얻기 마련이다.

영재 태교에서 중요한 것이 하나 더 있다. 태교 자체를 임신부가 즐겨야 한다는 것이다. 예를 들어 영어 태교를 할 때 임신부 자신이 영어를 즐기지 않으면 소용없다. 자궁 인테리어는 임신부의 염念을 통해 이루어지니, 즐거운 감정으로 신명이 나지 않으면 마음을 집중하기가 어렵다. 따라서 영어 테이프나 비디오만 틀어 놓고 다른 생각을 하는 것은 바람직하지 않다.

태아는 음성과 영상의 직접적 자극보다 음성과 영상을 접하는 임신부의 감정의 영향을 받는다. 때문에 영어 싫어하는 임신부가 억지로 영어를 접할 경우 역효과가 생긴다. 영어와 인연이 먼 영혼을 이미 맞이한 뒤에는 더욱 그렇다. 영어 태교는 임신부가 즐거운 마음으로 영어 공부를 해야 이루어진다. 음악·미술·독서 등의 다른 태교도 마찬가지다.

이제 임신부의 염이 얼마나 중요한지 알았을 것이다. 결국 영재 태교도 임신부가 마음을 집중하는 염에 불과한바, 염을 동반하지 않는 영재 태교는 무용지물이다. 똑똑한 자식을 얻으려는 욕심에서 마음의 감동 없이 귀와 눈만 바쁘게 하는 소모적인 태교는 그만두자. 이러한 태교는 태아에게 스트레스를 줄 뿐이다. 임신부 스스로 즐겁게 공부하는 것으로 영재 태교는 충분하니, 공부를 즐기는 부모에게서 공부를 좋아하는 아이가 태어남은 당연하다.

그러나 임신부의 염이 태아에게 무조건 이로운 것은 아니다. 염의 대상이 무엇이냐에 따라 오히려 해로울 수도 있다. 증오의 대상을 염하지 말아야 하는 이유를 앞에서 설명했는데, 비록 사랑의 감정이라 해도 그 대상의 정신 수준이 낮으면 좋지 않다. 애완동물이 바로 그러하니, 임신부가 짐승에게 애착하는 것은 영맞이에 나쁘다. 강아지나 고양이 생각만 하다 자궁을 동물우리처럼 꾸며서야 되겠는가. 옛 어른들이 임신부로 하여금 짐승을 멀리하도록 한 이유가 여기에 있다.

임신 중에 애완동물을 키우지 않는 것은 요즘 사람들에게도 상식이다. 이것은 질병의 감염을 염려한 것이지만, 영맞이 차원에서도 부정적인 일이다. 키우던 짐승을 임신했다고 갑자기 내다버릴

수는 없으므로 처음부터 신혼집에는 애완동물을 들이지 않기 바란다. 그것은 애완동물을 위하는 길이기도 하다.

옛 어른들은 임신 중의 살생을 금하였다. 소 잡는 백정도 아내가 임신하면 일을 중단하였다. 죽임을 당한 짐승이 태아에게 해를 끼친다고 생각하여 미물인 곤충조차 잡지 않았고, 새둥지의 알도 꺼내지 않았다. 땔감을 준비할 때도 큰 나무에는 낫이나 도끼를 대지 않았다. 이러한 행동들은 미신이 아니다. 인간과 차원이 다른 영혼이 원한을 품으면 사람의 자궁에 침입한다는 것을 알았던 것인데, 부모 속 썩이는 자식이 이와 같은 악업惡業에서 태어난다.

따라서 자식이 원수가 되는 상황을 만들지 않도록 살생을 금하자. 낚시와 사냥처럼 놀이 삼아 생명을 해치는 일을 절대 해서는 안 된다. 애완동물을 키우지 않고, 육식을 금하는 것도 같은 맥락이다. 거미줄에 걸린 곤충을 풀어 주고, 갇힌 동물을 해방시켜 주는 마음에서 영맞이 태교는 완성된다.

임산부를 위한
자연 처방

임신부가 병에 걸리면 난감해진다. 행여 태아에게 해가 되지 않을까
걱정하여 임신부가 약을 먹으려 하지 않기 때문이다. 한방에는
임신부가 안심하고 복용할 수 있는 치료약이 많지만, 노심초사하는
그 마음을 헤아려 나는 처방을 권하지 않는다. 그러나 다음에 소개하는
민간요법으로도 치유되지 않으면 한방 치료를 받기 바란다.
모유 수유를 하는 산모도 임신부와 마찬가지로 약 먹기를 꺼리니
산후 질환과 수유 질환에 대한 민간요법도 함께 소개한다.

임신 질환

오 저

- 오저惡阻는 임신부의 입덧 증상으로 비위에 정체된 담痰이 원인이다.

- 비위의 담을 다스리는 데에는 생강이 가장 좋다. 생강을 자극적이지 않게 끓여서 차로 마신다.

- 생강차로 입덧이 진정되지 않으면 말린 귤껍질과 대나무 속껍질을 생강과 함께 끓여 복용한다. 몸이 마른 임신부는 여기에 황금과 황련을 더한다.

- 모과로 즙을 내서 서늘한 상태로 마셔도 좋다.

- 현미찹쌀에 갈대 뿌리로 죽을 만들어 먹어도 된다.

태루와 태동

- 태루胎漏와 태동胎動은 임신부에게 나타나는 자궁 출혈로, 이때 복통이 없으면 태루, 있으면 태동이다. 임신 중의 성관계와 음주, 열성 약재의 복용, 격한 감정 등이 원인인데, 유산의 징조이기 때문에 절대 안정을 취해야 한다.
- 볶은 찹쌀로 끓인 물을 수시로 마신다. 이것으로 부족할 경우 찹쌀에 파 흰 뿌리로 죽을 쑤어 먹는다. 파죽에 약쑥이나 생지황 즙을 함께 넣으면 더 좋다.
- 오래 묵힌 쑥일수록 지혈 효과가 우수한데, 자궁의 출혈이 쉽게 멈추지 않을 경우 쑥을 검게 태워 끓여 마신다.
- 연근으로 즙을 낸 뒤 죽염을 약간 타서 마셔도 된다. 생즙으로 마셔야 효과가 있다.

습관성 유산

- 유산이 되풀이되는 임신부는 황금·백출 성분의 금출탕을 미리 복용하여 유산을 예방해야 한다.
- 황금·백출·당귀·천궁·백작약 성분의 금궤당귀산은 금출탕을 보강한 처방인데, 유산 예방과 체력 보강을 위해 수시로 복용하는 것이 좋다.

- 죽순을 차나 죽의 형태로 복용해도 좋다.
- 유산의 징조가 나타나면 호박손을 삶아 먹는다. 호박손은 호박 줄기가 뻗을 때 생기는 연하고 꼬불거리는 갈퀴로서 자연 유산의 위기를 다스리는 효능이 있다.

임신 중 보약

- 현미찹쌀에 잣과 검은깨로 죽을 만들어 먹는다.
- 잔대와 더덕을 반찬으로 자주 먹는다.
- 한의원에서 말린 해삼으로 보약을 처방받아 먹는다. 이때 체력 소모가 큰 임신부는 녹용을 함께 쓴다.
- 빈혈에 따른 어지럼증에는 딸기를 즙 내어 마신다. 어지럼증이 아주 심할 경우에는 천마를 죽이나 차로 복용한다.
- 채식하는 임신부는 말린 표고버섯을 많이 먹는다. 서양에서는 표고버섯을 채소 스테이크라 하는데, 말린 것이 더 효과적이다.
- 콩·버섯·고사리 등을 먹으면 채식을 해도 문제되지 않는다.

임신 중 감기

- 임신부의 감기는 땀을 가볍게 내서 풀어야 한다. 파 흰 뿌리와 생강을 끓여 마신 뒤 땀을 살짝 내는데, 땀을 지나치게 흘리면

해로우므로 주의한다. 파-생강차에 귤껍질과 말린 칡뿌리를 함께 넣으면 더 효과적이다.

- 열을 동반한 감기에는 치자와 황금을 더한다.
- 목이 붓거나 두통이 있을 때는 박하를 살짝 끓여 마신다.
- 유자를 차로 끓여 마시면 감기 예방에 도움이 된다.

자 수

- 자수子嗽는 임신부의 오랜 기침으로 도라지 끓인 물을 마시면 증상이 가라앉는데, 뽕나무 뿌리껍질을 함께 끓이면 도라지의 효과가 증폭된다.
- 기관지 건조로 인한 만성 기침에는 오과차가 좋다. 호두 10알, 은행 15알, 생밤 7알, 대추 7알, 생강 1덩어리를 물 1리터에 달여서 마시면 된다. 이때 호두 · 은행 · 밤을 속껍질째 달여야 효과가 있다.
- 가래가 동반되지 않는 마른기침에는 곶감이 좋다.
- 임신부의 천식에는 수수가 효과적이다.

자종과 자기

- 자종子腫은 임신부의 온몸이 붓는 것으로, 잉어가 특효약이다.

잉어 달인 물이 비위 상하면 생강껍질을 끓여 먹는다. 이때 귤껍질이나 뽕나무 뿌리껍질을 함께 쓰면 더 좋다.

- 치자를 볶아 가루를 내어 미음에 타서 먹어도 된다.
- 전신이 아닌 다리만 붓는 자기子氣에는 팥을 끓여 먹는다. 순무 역시 다리의 부종을 다스린다.

자 림

- 자림子淋은 적은 양의 소변을 자주 보면서도 아랫배가 아픈 증상이다. 태아가 점차 커지면서 임신부의 방광을 압박하여 생기는데, 체력이 약하거나 기름진 음식을 많이 먹는 임신부에게서 나타난다.
- 아욱을 먹거나 옥수수 수염을 끓여 마시면 효과가 있다.
- 이것으로 해결되지 않으면 차전자나 동규자를 달여 먹는다.

자 리

- 자리子痢는 임신부가 이질에 걸려 피고름 섞인 설사를 하는 것으로, 여기에는 백출 · 당귀 · 황금을 달여 먹으면 좋다.
- 날것과 찬 것을 먹은 뒤에 하는 설사에는 생강을 끓여 마신다. 생강차로 부족할 때는 백출 · 백작약 · 목향 · 귤껍질을 더한다.

- 연근과 우엉을 조림해서 먹는다.
- 이질이 아닌 일반 설사에는 감잎을 차로 마시면 좋다.

자 번

- 자번子煩은 가슴이 답답하고 마음이 초조해지는 증상으로, 열이 오르면서 갈증도 생긴다.
- 대나무잎이나 대나무 속껍질을 달여 먹거나, 대나무기름을 물에 타서 마신다.
- 위산이 식도로 역류해서 생기는 경우가 많으므로 식이요법을 해야 한다.

자 현

- 자현子懸은 임신부의 명치가 부어오르면서 아픈 증상으로, 태기胎氣가 치밀어올라서 생긴다.
- 파 흰 뿌리를 끓여 먹으면 좋다. 여기에 차조기잎을 함께 넣으면 더 효과적이다.

자 간

- 자간子癎은 임신부에게서 나타나는 간질 증상으로, 이빨을 앙

물고 말을 못하며 정신을 잃는다. 심하면 몸을 뒤로 젖혀 간질처럼 보이기도 하는데, 출산 뒤 자연 치유되므로 간질과는 다르다.

- 영양의 뿔이 들어가는 전문적인 한방 치료를 받아야 한다.

임신 중 피부병

- 녹두로 죽을 만들어 먹는다.
- 우엉의 씨를 달여 마셔도 좋다.
- 여름철 땀띠나 두드러기에는 가지를 먹는다.

임신 중 변비

- 청국장을 매일 먹는다.
- 청국장으로 해결되지 않을 때는 토란을 먹는다. 토란과 현미찹쌀을 참기름에 볶아서 죽을 만들어 먹으면 된다.
- 고구마를 껍질째로 먹는다.
- 말린 다시마를 반찬 삼아 먹는다.

임신 중 소화장애

- 소화가 잘 안 될 때는 무를 먹는다. 무 씨앗과 무순은 더 효과적이다.

- 위염이 심할 때는 느릅나무 뿌리껍질을 끓여 마신다.
- 위궤양이나 십이지장궤양에는 양배추나 갯상추를 먹는다.

임신 중 신경쇠약

- 이유 없이 불안하고 초조한 임신부는 대추를 차로 끓여 마신다.
- 임신 중 성생활을 하지 못해 생기는 스트레스에도 대추가 좋다. 성욕을 통제하기 힘들 때는 숙주나물을 먹는다.
- 임신부 우울증에는 두릅이 효과적이다.
- 불면증에 걸렸을 때는 치자를 차로 끓여 마신다.

임신 중 구강 질환

- 구내염, 치통, 잇몸 염증 등에는 죽염으로 물양치한다.
- 죽염으로 안 되면 세신을 끓여 물양치한다.
- 작두콩을 끓여 물양치하거나 마셔도 된다.

산후 조리

산후 21일, 삼칠일

- 산후 조리는 삼칠일 · 백일 · 돌의 세 단계로 이루어진다. 출산 후 삼칠일^{21일} 까지는 절대 안정 기간으로 외출을 절대 삼가야 한다.
- 샤워 · 목욕 · 머리감기도 삼가고, 심지어는 양치질도 안 된다. 삼칠일 전의 양치질은 풍치를 유발할 수 있다.
- 얼굴과 손발, 땀나는 부위는 따뜻한 물에 적신 수건으로 닦아 준다.
- 찬바람을 피해야 하므로 겨울은 물론이고, 여름철 에어컨 바람도 조심해야 한다. 만약 삼칠일 기간 중 물과 바람에 노출되면, 관절이 시리고 아픈 산후풍^{産後風} 으로 고생할 수 있다.

- 집안일은 주위 사람의 도움을 받되, 많은 사람의 방문을 금한다. 이는 산모의 심신 안정과 함께 감염 예방을 위한 일이다. 과거에 산모와 신생아 사망률이 높았던 것은 불결한 환경에서의 출산과 산후 조리 탓인데, 아이 낳은 집에서는 삼칠일 동안 대문에 금줄을 걸어 감염 예방에 노력하였다. 따라서 산가^{産家}의 출입은 자제해야 한다.
- 삼칠일 중에는 흰쌀밥과 미역국을 하루 4회에서 6회 먹는다. 소화가 어려운 현미나 잡곡을 먹어서는 안 되고, 반찬 욕심을 절대 내서는 안 된다. 대신 미역국을 많이 먹어야 한다.
- "잘 먹으면 100일 산모, 못 먹으면 1년 산모"라는 속담이 있는데, 여기서 잘 먹는다는 말은 잘 가려서 섭취한다는 뜻이다. 자극적이고 소화하기 힘든 음식으로 위장에 문제가 생기면 이후 평생 고생할 수 있으므로 주의하자.
- 모유를 먹이는 아기에게 모유의 순수한 맛을 알려 주기 위해서라도 삼칠일 중에는 간결하고 담백하게 식사해야 한다.

산후 100일, 백일
- 삼칠일이 지나면 외출이 가능하다.
- 간단한 목욕과 샤워, 머리감기, 양치질도 할 수 있다. 다만 사우

나 · 탕욕 · 찜질방 등으로 땀을 내서는 안 된다.
- 간단한 집안일은 할 수 있으나 사회 활동은 아직 무리이다.
- 아울러 백일까지는 성관계를 금해야 한다. 성관계는 자궁 회복을 지연시킬 뿐만 아니라 출혈과 감염을 일으킬 수 있다.
- 산후 백일은 아기에게도 중요한 시기이므로, 삼칠일이 지났다고 방심하지 말고 산후 조리에 계속 신경 써야 한다.

산후 365일, 돌

- 백일 뒤에는 가벼운 사회 활동이 가능하며, 성관계도 가능하다. 그러나 의학적인 관점에서 볼 때 산모의 몸이 완전히 회복되기까지는 1년이라는 시간이 필요하므로 아기 돌 전까지는 무리하지 말아야 한다.
- 돌은 아기가 축복받는 날인 동시에 어머니에게도 산후 조리가 끝났음을 축하해 주는 날이다.

산후 질환

········

산후 질환은 모두 혈병血病이다. 출산 과정에서 발생하는 혈액 부족
血虛과 혈액 노폐물瘀血이 원인이다. 따라서 산후 질환을 예방하고
치료하기 위해서는 혈액을 보충하고 노폐물을 없애야 한다. 산후
조리 한약이 보혈補血과 행혈行血 약재로 구성되는 이유가 여기에
있다.

　산후에 부기를 내리려고 '호박 다린 물'을 마시는 것은 바람직
하지 않다. 호박 다린 물의 이뇨 작용으로 체력이 손실될 수 있기
때문이다. 나는 임상에서 호박 다린 물의 과다 복용으로 다리에 힘
이 빠져 고생하는 산모를 여럿 보았다. 호박 다린 물을 남용하면
콩팥 기능이 손상된다는 양방 의사들의 지적이 옳은바, 호박을 반

찬으로 먹는 것은 몰라도 다린 물을 약으로 복용하는 것에는 반대한다.

민간에서는 '가물치'가 산후 보약으로 많이 쓰인다. 호박과 달리 가물치에는 보補하는 성질이 있어서 산모에게 유용하지만, 양식이라는 점이 문제이다. 아울러 비위가 약해진 산모에게 비린내가 심한 가물치를 먹인다는 것도 마음에 걸린다.

산후 보약은 민간요법으로 접근하기보다 한의사의 진단 아래 처방받는 것이 좋다. 환자에게 보약보다 식이요법을 강조하는 나도 산모에게만은 산후 보약을 권하고 있다. 산후 보약으로 혈액을 보충하고 노폐물을 배출해야 산후 질환을 예방할 수 있기 때문이다. 제왕절개를 포함하여 난산한 산모는 특히 더 그렇다. 비록 순산했더라도 출산 후에 바로 한약을 복용해야 다음과 같은 문제들을 피할 수 있다.

아침통

- 산후 훗배앓이를 아침통兒枕痛이라 한다. 자궁이 수축하는 과정에서 간헐적으로 나타나는 하복부와 허리의 통증이다.

- 자궁 수축은 생리적인 것이므로 모든 산모에게 아침통이 생긴다. 모유 수유를 하는 산모가 아침통을 더 크게 앓는데, 이는 수

유를 통한 유두 자극으로 호르몬이 분비되어 자궁 수축이 강해지기 때문이다. 그만큼 자궁 회복은 빨라진다.

- 일주일 이내에 자연 소실되는 생리적인 아침통에 비해 병리적인 아침통은 갈수록 통증이 심해지고 통증의 강도가 엄청나다. 이는 자궁 내의 노폐물 때문이므로 빨리 풀어야 한다. '홍화씨'를 달여 먹어도 해결되지 않을 때는 어혈을 풀어 주는 한약을 처방받아야 한다.

산후풍

- 출산 때는 산모의 골반만 벌어지는 것이 아니다. 몸의 모든 관절이 이완되어 벌어진다. 벌어진 관절은 출산 후 서서히 회복되는데, 그 전에 자극을 받아 손상되면 뼈마디가 시리고 아픈 산후풍 産後風이 생긴다.
- 냉기와 노동이 자극의 원인이 되므로 산후 조리 기간에는 외출과 집안일을 삼가야 한다.
- 산후풍은 예방이 최선이다. 일단 산후풍에 걸리면 자연 치유가 어렵고, 한방 치료에서도 상당한 시간이 걸린다. 산후풍은 시간이 해결해주지 않으므로 적극적인 한방 치료를 받는 것이 좋다.
- 산후풍에는 잔대만한 약이 없으므로 잔대를 달여 마신다.

산후 혈훈

- 혈훈血暈은 산모의 정신이 어지러운 증상이다. 심할 경우 혼절하기도 하는데, 이는 혈액이 부족한 상태에서 노폐물 때문에 생긴다.
- 식초를 달인 다음 물에 희석시켜 마신다.
- 출산 과정에서의 대량 출혈로 인한 혈훈은 녹용과 같은 보약으로 다스리는 것이 좋다.

산후 부종

- 산후의 부종浮腫은 혈액 노폐물 탓에 체액의 순환이 원활하지 못해 생기는 증상으로, 노폐물을 제거하면 부종도 가라앉는다. 다만 이를 위해 이뇨제를 쓰면 안 된다. 내가 산모에게 호박 다린 물을 권하지 않는 이유가 여기에 있다.
- 산후 부종 처방인 대조경산에 들어가는 호박은, 소나무 수지의 결정체인 호박이지 야채 호박이 아니다. 이보다는 검정콩을 달여서 먹는 것이 효과적이다.

산후 변비

- 산후의 변비는 혈액과 진액이 말라서 생긴다. 출산 과정에서 땀

을 많이 흘린 산모에게서 나타난다. 이는 몸을 윤택하게 만들면 다스려진다.

- 잣을 먹도록 한다.

산후 유뇨

- 유뇨遺尿는 산후 오줌이 새어나오는 증상으로, 난산으로 인해 방광 기능이 손상되어 발생한다.
- 인삼 · 백출 성분의 삼출고가 효과적인데, 모유 수유를 하는 산모에게는 인삼을 쓸 수 없으므로 만삼과 영신초를 대신 사용한다.

산후 발열

- 산후 열이 나는 데에는 다섯 가지 원인이 있다. 혈허血虛 · 어혈瘀血 · 식상食傷 · 외감外感 · 증유蒸乳가 그것이다.
- 혈허로 인한 발열은 혈액을 보충하고, 어혈로 인한 발열은 노폐물을 제거하면 된다. 식상의 경우에는 소화제를 사용하고, 외감은 감기로서 가볍게 땀을 내면 된다. 증유는 젖몸살인데, 유선의 염증을 다스리면 치유된다.

수유 질환

태교로 얻은 타고난 건강을 지키려면 반드시 모유 수유를 해야 한다. 모유 수유를 통해 태교가 완성되는 것이다.

생후 6개월부터는 모유의 영양이 줄어든다며 수유를 중단하는 산모가 많은데, 이는 옳지 않다. 엄마 젖은 아기에게 돌까지는 주어야 하는바, 미국소아과학회[AAP]는 적어도 12개월 동안은 모유를 먹이라고 권고한다. 이는 생후 6개월이나 12개월까지 모유 수유를 하라는 지난 15년간의 AAP 지침을 수정한 것이고, 생후 3개월까지 모유를 준 뒤에는 분유로 바꾸어도 된다는 미국산부인과학회의 지침에 맞서는 내용이다.

이처럼 AAP에서 모유를 강조하게 된 것은, 모유가 아기를 각종 질병으로부터 보호할 뿐만 아니라 산모의 유방암과 난소암을 예방한다는 사실이 과학적으로 밝혀진 때문이다. 그러나 모유 수유가 쉽지는 않으니, 아기에게 모유를 주려면 다음과 같은 문제를 해결해야 한다.

모유 부족

- 수유 초반에는 누구나 자신의 젖이 부족하다고 느낀다. 젖을 주어도 신생아가 계속 칭얼거리기 때문인데, 이는 모유가 부족해서 그런 것이 아니라 모유가 빨리 소화되기 때문이다. 그만큼 모유를 자주 주면 된다.

- 모유가 처음부터 잘 나오지 않는 것은 정상이다. 신생아가 유두를 흡입하는 물리적 자극으로 호르몬이 분비되어야, 그 호르몬이 유선에 작용하여 젖이 많이 나오게 된다. 따라서 신생아에게 젖을 물릴수록 모유 양은 늘어나므로, 영양 부족을 걱정하여 모유를 포기하지 말고 수시로 젖을 물려야 한다.

- 젖을 자주 물리는데도 모유가 잘 나오지 않는 산모는 치료를 받아야 한다. 병적인 모유 부족의 원인에는 두 가지가 있다. 하나는 몸이 허약해서 젖이 마른 것이고, 다른 하나는 젖이 소통되지 않아서이다. 과거 살기 어려웠던 시절에는 전자가 많았으나, 요

즘 사람들에게는 후자가 대부분이다. 요즘 산모들이 돼지 족을 먹어도 젖이 늘지 않는 이유가 이 때문이다.

- 돼지 족을 통초와 달이거나, 잉어를 목통과 함께 달인 것은 몸이 허약해서 젖이 마른 산모에게나 효과적이다. 난산 때문에 생긴 어혈瘀血로 젖이 소통되지 않아 생기는 모유 부족에는 보약이 아닌 순환제를 사용해야 한다. 상추씨로 찹쌀죽을 쑤어 먹거나 팥을 끓여 먹어도 해결되지 않으면, 순환제로 구성된 한약 처방을 받아야 한다.

젖몸살

- 모유 수유를 포기하게 만드는 주범이 이 젖몸살이다. 처음에는 부족해 보였던 모유가 신생아의 흡입 자극으로 양이 급속히 늘면 유선이 뭉쳐 염증이 생기는데, 한의학에서는 이러한 현상을 증유蒸乳라 부른다. 가벼운 증유는 젖만 짜내면 해결되지만, 심해서 유선염으로 악화될 경우에는 항생제를 써야 하기 때문에 모유 수유를 포기하게 된다. 항생제를 쓰는 동안에만 수유를 잠시 중단했다가 치료 후에 다시 젖을 주면 되지만, 그 동안 젖이 말라 버리므로 모유 수유가 불가능해진다.

- 젖몸살은 예방이 최선인데, 출산하고 한 달 동안 가슴 마사지를

열심히 하면 예방 가능하다. 이것은 젖몸살 징조가 있을 때 시작하면 늦다. 산후 조리 기간 중에 아침 · 점심 · 저녁으로 하루 세 번, 매일 유방에 따뜻한 수건을 놓고 시술자의 이마에 땀이 나도록 마사지를 해야 한다.

- 그런데 일단 염증이 시작되면 마사지로는 어림없다. 차가운 '양 배추껍질'을 유방에 얹어 염증을 가라앉히면서 한약으로 치료해야 한다. 민간에서는 상추씨를 젖몸살 특효약으로 삼는데, 고열을 동반하는 유선염은 한약의 도움이 반드시 필요하다. 젖몸살을 방치하다가 결국 항생제 투여로 모유 수유를 포기하지 말고, 몸이 으슬으슬 추우면서 미열이 날 때 바로 한방 치료를 하기 바란다. 평소 가슴 마사지를 꾸준히 하면 한약 복용할 일도 생기지 않는다.

유두열상

- 유두열상은 유두의 피부가 갈라져서 아픈 증상이다. 심한 통증을 동반하여 수유를 어렵게 만든다. 상처를 통해 병균에 감염되면 유선염으로 악화된다.
- 아기에게 유두 부위만 물리는, 잘못된 수유 방법이 원인이므로, 아기의 코와 턱이 유방에 살짝 닿을 정도로 유륜까지 깊게 물려

야 한다. 출산 직후에 모유 수유 전문가로부터 수유 자세와 방법을 배우면 유두열상과 이에 따른 감염 질환을 예방할 수 있다.

- 녹용의 털을 불에 태워 바르면 상처가 금방 아문다.

유방 이스트 감염

- 유두열상 증상이 있는 산모가 아구창이 있는 아기에게 젖을 물리면 그 상처를 통해 곰팡이균에 감염되게 된다.

- 곰팡이균은 한방 치료가 쉽지 않으므로 양방 치료를 받아야 하는데, 아기의 아구창도 함께 치료해야 재발을 막을 수 있다.

- 아기에게 아구창이 없는데도 발생한 이스트 감염은 속옷 탓이다. 수유 패드나 브래지어에 묻은 젖에서 곰팡이균이 번식하는 바, 산모는 곰팡이가 살지 못하도록 유방 환기에 힘써야 한다. 따라서 이를 방해하는 브래지어나 패드 등은 좋지 않다.

유방 습진

- 유두를 중심으로 피부 변성이 생기면서 가려움이 심한 증상이다. 유두열상과 통증을 동반하지 않는 것이 이스트 감염과 다른 점이다.

- 아기의 침으로 인해 습진이 생길 수 있으므로, 수유 뒤에는 반

드시 유방에 묻은 침을 닦아야 한다.

- 유방을 비누로 자주 씻으면 피부의 기름층이 파괴되어 습진에
  걸리기 쉬워진다.
- 유방 환기를 해야 하는데, 땀이 많은 산모는 유방을 노출하는
  것이 바람직하다. 유방 습진은 이 같은 환기와 한약 처방으로 치
  료가 가능하다.

모유 수유에 대한 산모의 의지가 강해도 의료인의 협조가 없으
면 소용없다. 출산 직후 산모의 허락 없이 신생아에게 분유를 먹이
는 병원이 적지 않다. 의료인의 말 한마디에 모유 수유를 쉽게 포
기하는 것이 현실인데, 모유의 필요성을 공감하는 의료인이 점차
늘고 있어 그나마 다행이다.

유니세프 한국위원회에서는 1993년부터 매년 8월에 '아기에게
친근한 병원'을 선정하고 있다. 2004년까지 42개 의료기관이 선
발되었으니, 성공적인 모유 수유를 위해서는 이러한 병원에서 아
기를 출산하기 바란다.

모유 수유 전문가의 도움을 받는 것도 좋다. 임상 경력이 있는
조산사와 간호사 중에서 국제모유수유협회가 주관하는 정규 과정
을 이수한 뒤 시험을 통해 선발되는 '국제 모유 수유 전문가'의 지

도를 받는다면 모유 수유에 따른 어려움을 극복할 수 있다. 가정방문도 하므로 출산 직후에 도움을 청해 보자.

0.3%
슈퍼키드,
엄마 뱃속에서
결정된다

초판 1쇄 __ 2005년 12월 15일
개정판 1쇄 __ 2010년 3월 5일
지은이 __ 손영기
펴낸이 __ 심현미
펴낸곳 __ 도서출판 북라인
출판 등록 __ 1999년 12월 2일 제4-381호
주소 __ 서울시 마포구 동교동 159-6 파라다이스텔 1402호
전화 __ (02)338-8492   팩스 __ (02)338-8494
이메일 __ bookline@empal.com
ISBN 978-89-89847-53-3